卓越工程师计划：软件工程专业系列丛书

阶梯式 GIS 软件工程实践系列教程——数据库篇

方 芳 杨 林 周顺平 编著

科学出版社

北 京

内 容 简 介

本书是"阶梯式 GIS 软件工程实践系列教程"的数据库篇，目的是通过完成一件事（实现一个小型点线区图形编辑系统）和围绕一个核心（数据库开发），使读者在了解数据库基本概念和基本用法的基础上，掌握运用 C＋＋语言通过 SQL 访问和控制数据库的方法。

本书包括实习目的及要求、背景知识概述、系统实现过程和强化编程练习四个部分，通过一系列循序渐进的练习有机地贯穿了数据库基本概念和用法、动态库开发和程序封装、点线区图形结构的定义和数据库存储、C＋＋语言和编程工具等方面的内容。

其中系统实现过程这部分按照系统架构设计分别开发"图形数据管理动态库"和"图形编辑系统"，前者完成对关系数据库的封装并提供点线区数据的增删改查接口，后者调用动态库提供的接口完成点线区图形的编辑、查询和显示。整个实现过程已做了细致的划分，各次练习环环相扣，读者依次做循序渐进的练习，在数据库和编程知识运用上越来越深，在功能实现上越来越难，逐步达到强化数据库开发训练的目的。本书各项功能实现过程中，数据库开发不仅涉及常识层面，而且还包括了存储过程和触发器等高级开发，所有这些都被自然地融入到一个个具体的练习中。

"强化编程练习"部分给出了功能要求并说明实现相应功能的思考过程，为有意在功能和数据库开发方面做深度练习的读者提供指引。

本书可作为大专院校师生、数据库或 GIS 基础软件开发人员参考用书，特别是作为大二到大三期间的综合实践用书。

图书在版编目（CIP）数据

阶梯式 GIS 软件工程实践系列教程. 数据库篇/方芳，杨林，周顺平编著. —北京：科学出版社，2015.9

（卓越工程师计划：软件工程专业系列丛书）

ISBN 978-7-03-045722-6

Ⅰ.①阶… Ⅱ.①方… ②杨… ③周… Ⅲ.①地理信息系统—教材
Ⅳ.①P208

中国版本图书馆 CIP 数据核字(2015)第 222550 号

责任编辑：张颖兵 闫 陶/责任校对：肖 婷
责任印制：高 嵘/封面设计：陈明亮

科学出版社 出版
北京东黄城根北街 16 号
邮政编码：100717
http://www.sciencep.com

武汉市首壹印务有限公司印刷
科学出版社发行 各地新华书店经销

＊

开本：787×1092 1/16
2015 年 9 月第 一 版 印张：11 3/4
2015 年 9 月第一次印刷 字数：259 000
定价：27.00 元
（如有印装质量问题，我社负责调换）

前　　言

地理信息系统(Geographic Information System,GIS)是在地理学、测绘科学和计算机科学等学科基础上发展起来的交叉性新兴学科,是研究地理信息采集、存储、管理、分析和应用的技术和工具。随着 GIS 技术的进步,GIS 在测绘、地理、地质、环保、国土、城市、农业、军事等领域得到了越来越广泛的应用,并渐渐发展成为一个产业。

GIS 本质上是利用计算机技术特别是软件技术,对地理信息进行加工并服务于各行各业的一种信息技术。伴随着网络技术和移动技术的推广普及,地理信息的应用范围不断扩大,已从初期的科研和政府部门,扩大到百姓的日常生活和各种商业领域,并从室内延伸到室外;应用深度也不断细化,从地图制作和应用发展到地理信息服务,应用渗透到定位导航、生产调度、国情监测、灾害监测和其他各行各业,并涌现出了寻人、定向广告等各种与地理信息相关的个性化应用。

随着应用领域不断扩大,各种新型的 GIS 应用层出不穷,推动了 GIS 产业的快速发展,使 GIS 成为一个非常具有活力和发展前景的新兴领域,同时也带来了对 GIS 应用人才和软件开发人才的强烈需求。

为顺应学科和产业发展的需要,自 20 世纪 90 年代以来,国内越来越多的高校开办了 GIS 本科专业。截至 2010 年,开办 GIS 专业的高等院校已超过 200 所。

各校的 GIS 本科专业大多建立在地学相关专业或计算机专业基础上,培养目标也大致分为两类:面向生产业务和面向软件开发。其中面向生产业务的培养目标,主要是培养能够运用 GIS 知识和工具开展数据处理、制图和行业应用的人才;而面向软件开发的培养目标,主要是培养具有 GIS 知识,能够开展 GIS 相关软件设计和实现的软件工程师。

各高校 GIS 专业在培养 GIS 软件开发人才的过程中,利用各自的领域优势,制定了各具特色的人才培养方案。为国土、地矿、测绘、规划、交通、物流、农业、电信等领域输送了大批具有相应背景知识的软件开发人才。

中国地质大学(武汉)信息工程学院是我国较早建立 GIS 专业的教学单位之一。学院结合自主研究和开发 MapGIS 国产地理信息系统平台软件的经验,以及学校地学背景,在专业定位上以培养面向地学信息化的软件人才为主要培养目标,十多年来为各领域输送了大批 GIS 软件开发人才,学生受到用人单位的普遍欢迎。

GIS 软件开发与其他行业软件开发一样,是一种对动手能力要求极高的工作。众多高校为了强化 GIS 软件开发人才的动手能力,安排了 GIS 软件操作、基础开发、二次开发等不同层次的实践教学课程,实践类型更是丰富多彩,包括课内实习、课程设计、综合实习、产学研、第二课堂、项目实践和企业实习等。

虽然普遍重视实践教学,形式和层次也进行了较为合理的搭配,但 GIS 软件开发人才培养在实践内容方面依然普遍存在以下脱节现象。

（1）实践内容相互脱节，缺乏主题将各门主要课程和主要实践进行有机联系：①软件开发类课程实习与 GIS 课程脱节，如数据结构实习与 GIS 各种常用结构无关，高级编程语言实习与 GIS 软件开发知识无关；②课程实习与课程实习之间脱节，如高级语言实习、数据结构实习、数据库实习、网络编程实习等相互脱节；③基础实习与综合实习脱节，如数据结构、数据库等课程的课内基础练习与综合实习在练习内容、练习深度上没有很好地关联。

（2）实践内容与实际需求脱节。各实践课程内容过于传统，与 GIS 基础知识关联度小，实现功能简单与实际应用系统差距较大，在一定程度上降低了学生的学习兴趣。

（3）各实践课程间缺乏系统性和连贯性，不利于强化和巩固知识点，实践教学质量难于保证。

（4）综合实习没有标准化，对于要求高、综合性强的题目，对于很多学生在问题和解决方案之间存在巨大的鸿沟，有限的实习时间内难以圆满跨越。因为没有标准化，在综合实习环节也难以利用研究生等辅助教学资源。

上述问题不仅导致学生在软件开发方面的能力参差不齐，而且导致学生的软件开发能力与社会需求严重脱节。因此需要一种将各门课程的主要知识点和技能与 GIS 软件开发有机结合起来的实践，通过一系列由易到难的实践，学生在实现有强烈应用背景的功能中自然而然地运用了各种知识点和技能，从而提高学生 GIS 软件开发的能力。这就是我们希望编写一套阶梯式 GIS 软件工程实践系列教程的初衷。

该阶梯式 GIS 软件工程实践系列教程期望达到下列目标。

（1）阶梯式。实践难度逐级提高，后面的实践基于前面的实践。

（2）系统化。考虑到不同年级之间、不同课程之间实践内容的更好衔接；课程实践设置与 GIS 系统挂钩，既关注知识点，也关注综合运用；实践系统化与整体化。

（3）标准化。不同级别的实践内容标准化，便于教学实施和质量控制；便于授课教师、辅导老师、助研培训与备课；便于学生准备与开展实践活动。

（4）导向性与挑战性。阶梯式实践教学体系更具导向性，同时也能够满足创新能力强的学生的实践需求。

传统实践教学中，课程内实习是知识点的辅助练习，个性化项目实践和第二课堂则是培养创新能力的环节，该系列教程基于上述目标，旨在有效衔接和补充传统教学环节。

经过万波、叶亚琴、方芳、杨林、左泽均、胡茂盛等老师的努力，终于形成了阶梯式 GIS 软件工程实践系列教程的基础篇、数据库篇和网络篇。基础篇面向大一到大二的学生，重点训练学生的 GIS 软件开发基础技能，包括基础知识、编程语言、编程工具三位一体的训练；数据库篇面向大二到大三阶段的学生，重点训练 GIS 软件开发专业技能，工程、系统和专业方向三位一体的训练；网络篇面向大三到大四阶段的学生，重点是 GIS 应用软件系统开发训练，特别是基于网络和地图服务的训练。

对于期望从事 GIS 基础软件开发的学生，从基础篇开始练习是不错的选择，然后选择数据库篇以加强数据库开发技能，最后再选择网络篇。

本书是数据库篇，对于喜好数据库开发的学生，也可独立选择本书作为实践指导书。

本书通过开发一个简单的图形编辑器，使学生掌握点、线、区等基本矢量数据的组织方式和 Windows 图形编程方法；通过将点、线、区等图形数据存储到关系数据库中，使学生通过大量 SQL 脚本的编写，加深对关系数据库的理解，提高数据库开发能力；通过将点、线、区数据存储相关的功能封装到一个动态库中，使学生能够反复体会封装等概念和多层体系架构。

　　该系列实践教程是中国地质大学（武汉）信息工程学院十多年 GIS 和软件工程专业实践教学经验的总结，出版教程既为了便于开展教学，也为了与兄弟院校分享经验，衷心期望广大师生对该系列教程提出宝贵意见，以便充实改进。

　　感谢宴四方、熊军、廖婧、刘超群、冯庄等研究生协助完成初稿并测试所有的上机指南。

编者

2015 年 4 月

目　　录

第1章 实践目的及要求

1.1 实践目的

本教程引导学生开发一个简单的图形编辑系统,并将图形数据存储到关系数据库中。通过该图形系统的实现,在编程语言、复杂数据结构、图形学、Windows 绘图方法、编程工具和调试环境、数据库编程、概念封装、接口设计等方面得到循序渐进的综合性训练。

数据库作为数据存储和管理最重要的平台和工具,在各种应用系统中起着基础性的作用。数据库已成为普及计算机知识、涉足信息化或软件开发的必修课。在网络已经普及并进入大数据时代的今天,理解数据库基本原理、掌握数据库基本开发技能是每一个应用软件开发人员必须修炼的基本功。

因此,本教程的重心是数据库开发,但所设计的数据库开发不再局限于常规字段和表格的操作,而是对矢量图形这样一种不定长数据进行存储、管理和操作,并且在实现的功能中,自然地运用了存储过程和触发器等数据库的特性。存储过程和触发器在常规的数据库实习中很少涉及,但在大型数据库应用系统开发中又非常有用。通过上述实践,学生的数据库开发能力有实质性的提升。

这就是本书命名为数据库篇的原因。

可视化是当今软件开发的又一个重要特征。无论科学计算、流程管理,还是地理信息表达、游戏涉及和地层模拟,都强调可视化。可视化的基本手段是使用计算机图形技术实现直观的再现和互动操作。

本教程通过图形编辑系统的开发,反复练习基于 Windows 的图形显示和操作方法,理解和掌握 Windows 图形编程技术。

总而言之,本教程主要实现以下三个目的:①加深对数据库的理解,提高数据库开发技能;②在关系数据库基础上封装出"点"、"线"、"区"等概念及其操作接口,理解和掌握封装概念;③提高 C++语言、数据结构、图形学和 Windows 编程的运用能力。

Windows 编程和程序调试不再是本书强调的内容,所以建议对 C++语言、数据结构、图形学、Windows 编程以及编程工具和调试环境缺乏基础的学生,先完成"基础篇"中的练习,再开展本书所列的练习。

本教程各项练习安排在完成了 C++语言、数据结构、数据库等课程学习后实施,可作为一项完整的课程设计。通过该项实习,达到巩固已有知识、学习新知识和技能、综合运用多门课程知识的目的。

设计本书的目的之一是强化关系数据库开发,因此点、线、区数据存储未使用 SQL Server 数据库的 geography 和 geometry 这两种针对地理对象和几何对象的数据类型。感兴趣的学生可以在完成本书的练习后,使用 geometry 类型字段重新设计点表(PNT_Table)、线表(LIN_Table)和区表(REG_Table),重构数据管理层动态库 DataBaseDLL

中各接口函数的代码实现,并学习和思考 geography 和 geometry 的区别和用途。

最终实现的软件系统如图 1.1 所示。

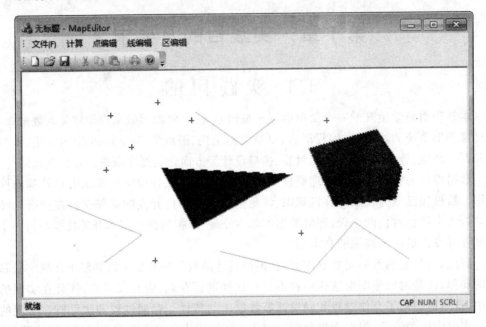

图 1.1　实习成果软件界面(参考)

1.2　实践目标

掌握数据库开发方法是本教程的重点。另外通过实习,在 C++语言、数据结构、图形绘制、编程工具和框架、程序调试和编程规范化方面得到进一步强化。

1.2.1　数据库开发

要求理解数据库基本概念,掌握数据库开发方法。

需要理解和掌握的数据库基本概念如下。

(1) 数据库服务器和相关概念,如数据源、服务器类型、名称、登录用户和权限等。

(2) 数据库和相关概念,如数据库文件、连接数据库、断开数据库等。

(3) 表格和视图,以及相关的索引、依赖、触发器等。

(4) 存储过程等。

需要掌握的数据库开发基本方法如下。

(1) 服务器引擎创建。

(2) 利用数据库工具手动创建数据库、表格、视图、触发器、存储过程。

(3) 利用数据库工具手动编写 SQL 语句,执行并查看结果,借此验证 SQL 的正确性。

(4) 掌握 C++语言中嵌入 SQL 语句的方法。

(5) 掌握 ODBC 封装类 CDataBase 和 CRecordSet 的调用方法。

1.2.2　C++语言

该部分要求与基础篇基本相同,目的在于强化。

要求掌握 C++语言的核心内容,能够熟练运用各种概念和方法。

应该掌握的内容如下。

(1) C 语言的基本部分,如字符集、关键字、标识符和操作符、变量和常量、表达式、语句、过程控制。

(2) 函数的定义方法和调用方法。

(3) 数组、指针、结构的定义和使用。

(4) 类的定义和使用方法,理解和掌握成员变量和成员函数的定义和使用方法。通过微软基础类库(Microsoft Foundation Classes,MFC)的调用,充分理解类的概念,熟练掌握类的调用方法,特别是基类成员变量和成员函数,以及 this 指针的使用方法。

(5) 理解动态链接库(Dynamic Link Library,DLL)的概念及其作用,掌握创建和调用方法。

1.2.3　图形绘制

该部分要求与基础篇相同,目的在于强化。

要求理解 Windows 绘图原理,掌握 Windows 绘图方法。

本次实习是在 MFC 环境下完成的,MFC 将 Windows 的绘图方法封装成设备描述、画笔、刷子、绘图模式等 C++类和函数。

通过实现点、线、区等几何图形的交互式编辑、缩放、移动等功能,一方面充分理解数据坐标到窗口坐标之间的映射关系;另一方面理解 Windows 绘图原理,熟练掌握 CClientDC、CPen、CBrush 等类的使用方法,通过实现橡皮线等功能理解 DC 的绘图模式。

1.2.4　编程工具和框架

该部分要求与基础篇相同,目的在于强化。

要求掌握编程工具的基本用法,理解 Visual Studio 应用程序框架。

本书全部基于 Visual Studio 2010 进行编写,希望学生使用该版本进行练习,使用其他版本可能存在少量界面和功能的不一致。

Visual Studio 是一套集成开发环境(IDE)的开发工具,除了常规的针对代码和资源进行编辑、编译和运行所需的常规功能(如文件、工具、编辑、生成、调试等),还包括大量用于查看代码和资源静态状态的功能和视图(如解决方案资源管理器、类视图、属性管理器、资源视图),以及查看代码运行时资源状态和运行结果的功能和视图(如断点设置、逐语句跟踪、输出窗口、局部变量窗口、监视窗口、调用堆栈窗口和即时窗口等)。熟悉和掌握这些功能、工具和视窗的用法,是掌握 Visual Studio 集成工具的基础,也是本书希望学生掌握的基本技能。在此基础上,学生可自学 Visual Studio 提供的"体系结构"、"测试"、"分析"等高级功能。

"解决方案资源管理器"提供项目及其文件的有组织的视图,并且提供对项目和文件相关命令的便捷访问。"类视图"用于显示正在开发的应用程序中定义、引用或调用的符号,阐明代码中的符号结构,并且提供对符号的便捷访问。"资源视图"用于显示工程中用到的所有非编程部件资源,并且提供对资源的快捷编辑。

Windows 是基于消息循环机制的操作系统,Windows 所有的程序都是由消息驱动的。Windows 收集和管理各类事件(如单击菜单或按钮、鼠标移动、键盘按下等)产生的消息,并将消息发送给与消息相关的应用程序,应用程序在接收到消息后根据消息类型执行相应的操作。例如,当用户单击某菜单项时,Windows 首先捕获到该事件,产生一个 WM_COMMAND 消息并发送到用户单击的应用程序的消息队列中,应用程序逐个处理消息队列中的消息,在处理 WM_COMMAND 消息时,调用相应的消息处理函数。

Visual Studio 将 Windows 操作系统的各种应用程序接口(Application Programming Interface,API)函数封装成 C++类库,统称为 MFC,MFC 中封装的类如 CWnd、CButton、CFile、CDialog 等,MFC 还将消息处理机制封装成应用程序框架。在 MFC 应用程序框架基础上开发应用程序,程序员就可以大大简化"接收消息—调用消息处理函数"这一复杂过程,而将思维集中在文件处理、视窗操作、数据对象的设计与实现上来。因此理解 MFC 并掌握应用程序框架,对使用 Visual Studio 开发应用程序非常重要。

MFC 应用程序框架由"应用程序类"(CWinApp)→"主框架类"(CMainFrame)→"视窗类"(CView)→"文档类"(CDocument)构成。一般一个应用程序有一个应用程序类、一个主框架类、多个视窗类、多个文档类,其关系如箭头所示。

MFC 应用程序框架各组成部分及其关系如图 1.2 所示。

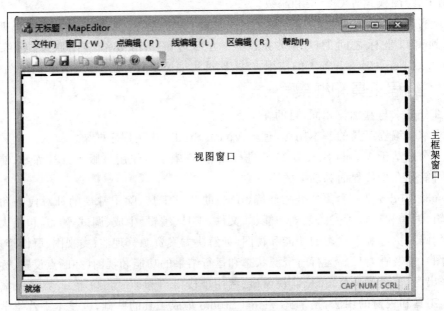

图 1.2 MFC 应用程序框架

图 1.2 中,"主框架窗口"是整个应用程序的窗口,即图 1.2 中实线框内的部分。"视图窗口"是主框架窗口的一个子窗口,即图 1.2 中虚线框内的部分。主框架窗口对应的类是主框架类 CMainFrame,视图窗口对应的类是视窗类 CView。

MFC 提供了一个文档/视图结构,文档指的是文档类 CDocument,视图指的是视窗类 CView。数据的存储和加载可以由文档类完成,数据的显示和修改则由视窗类完成。对于以 MapEditor 命名的程序,文档类指的是 CMapEditorDoc,派生于 CDocument。视窗类指的是 CMapEditorView,派生于 CView。

本书为了更好地实践数据结构相关知识和文件操作,没有使用 CDocument 类,而是使用 CFile 类进行数据存储和管理。

对于以 MapEditor 命名的程序,应用程序类指 CMapEditorApp,派生于 CWinApp。在程序启动时首先会通过 CMapEditorApp 类完成一些初始化工作,包括窗口类的设计、注册以及窗口的创建、显示和更新。然后再进入消息循环中,通过消息映射机制来处理各种消息。

MFC 中的所有类均派生于 CObject 类,各种派生类如图 1.3 所示。

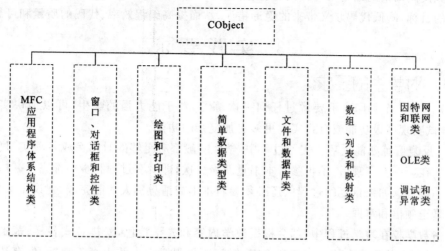

图 1.3   MFC 类汇总

1.2.5   程序调试

该部分要求与基础篇相同,目的在于强化。

要求理解调试对于提高软件开发效率和质量的重要性,掌握程序调试方法。

掌握断点设置、单步跟踪、变量查看等调试方法,习惯使用跟踪手段检查和优化程序。

程序调试是在程序正式发布之前,程序员借助集成调试环境,用手工方式逐行或逐过程走查代码,依据各语句的执行结果,确认代码与设计的一致性,以及实际性能与需求或设计的符合程度。通过跟踪检查,发现代码算法错误或性能偏差,进而改正错误或优化代码。

程序调试本质上是一种白盒测试,是原始代码经过不断修改快速摆动到最优的有效方法,是优秀程序员必须掌握的基本技能之一。

通过本次实习,要求掌握在 Visual Studio 2010 环境下,设置和取消断点、逐语句或逐过程跟踪程序的每一步,查看各步实际运行结果,验证结果的正确性等方法。要求熟练掌握这些方法对应的按键使用方法。

通过本次实习,希望学生能够灵活运用编译器、调试器等工具和代码浏览等手段实现高效编程。

1.2.6 编程规范化

该部分要求与基础篇相同,目的在于强化。

要求理解规范化编程对提高程序质量的重要性,掌握规范编程基本方法,形成良好的编程习惯。

软件规范的目的是统一软件的规范风格,提高软件源代码的可读性、可靠性和重用性,提高代码的质量和可维护性,减少软件维护成本。良好的编程规范可以改善软件质量,缩短软件开发时间,提升团队效率,简化维护工作。所以,掌握基本编程规范,形成良好的编程习惯对优秀程序员尤为重要。

通过本实习,要求了解附录 1 所列编程规范的基本要求,并在实习中反复认真应用,逐步形成使用简洁的语句编写代码、使用准确的语言编写注释的良好习惯,达到程序易读易理解的目标,降低代码歧义带来的隐形错误,从而提高编程效率、代码的质量和可靠性。

1.3 实践要求

1.3.1 对学生的要求

(1)一步一个脚印。不要跳过任何一次练习,对于能力强的学生,可以加快实习进度,并尝试实现高级功能或自行实现更多更加复杂的功能。

(2)反复磨练熟能生巧。实习过程中,学生一般都有足够的时间完成各项实习任务,建议学生在第一次实现后,不再参考本书重新做一次,即所有过程和步骤都完全一边回忆一边动手实现。如果重复的过程中还必须参看本书或请教别人才能完成,建议做第 3 次,以达到真正领悟和掌握。

大多数学校在教学过程中,都会根据教学内容和办学特色,安排各式各样、范围宽泛的练习,对学生动手能力的提高有利无害,但问题是很多学生并未真正掌握,没有达到实习目标甚至没有完成。

因此,理解每一项练习背后的知识,掌握练习要求的工具、过程和方法,就非常重要。要做到这一点,仅跟随老师或教程走一趟显然不够,学生必须重复练习内容直至掌握,课内时间如果不够学生课外要花时间,做到真理解,也就是不仅说得清、还写得出、做得对。

(3)挑战自己多多益善。该系列练习中的空间数据管理分为基础和提高两部分,常规实习可以只完成基础部分,但建议学生能够完成提高部分,以便更好地理解和掌握数据库更多的知识和开发技能。

1.3.2 对老师的要求

(1)记录过程。要求学生在实习过程中,填写实习记录,作为实习成绩评定的部分依据。

(2)抽查代码。指导老师在实习过程中,要与学生交流,检查学生的实习情况,检查学生所写的代码,并抽取代码由学生解释其含义和用法。

(3)检查结果。通过成果演示、答辩、代码抽查、部分功能重做等形式检查和评定学生掌握的程度。

第2章 背景知识概述

2.1 几何图形及其结构

2.1.1 点

点是几何图形最基本的单元,是空间中只有位置、没有大小的图形。在一个平面上,通常用一个有序坐标对(x,y)来表示一个点,其中x习惯上表示水平位置,y表示竖直位置,如图 2.1 所示。

虽然一个有序坐标对可以确定一个点的位置,但由于点是现实世界中点状地物(如电杆、灯塔、泉水、水文站、气象观测点等)的抽象,种类多种多样,所以除了空间位置,点还有一些属性,如种类、颜色等。

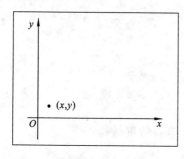

图 2.1 点坐标

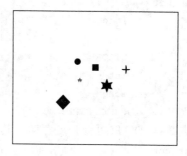

图 2.2 点状图形

在计算机中,为了记录和显示不同的点,通常每个点还会给一个唯一的编号,通常称为 ID;为了显示不同的图案以表达不同的含义,还要记录图案号。所以本教程点图形的结构如下。

```
struct{
    long        ID;         //点编号
    double      x;          //点位坐标 X
    double      y;          //点位坐标 Y
    COLORREF    color;      //点颜色
    int         pattern;    //点图案号
    char        isDel;      //是否被删除
}PNT_STRU;
```

2.1.2 线

线是现实世界中线状地物(如道路、河流、航线、电力线等)的抽象。当要记录一条线时,把所有的点记录下来显然是不切实际的,仅需要记录线上的一些“节点”就可以描述整条线。这些“节点”就是线的端点与转折点。所以,在计算机中,一条线用有限多个有序坐标点来表示,如图 2.3 所示。

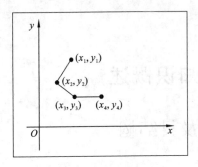

图 2.3　线坐标

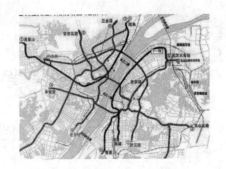

图 2.4　线状图形(武汉市道路图)

与点类似,线的种类也是多种多样的,除了节点序列,还有颜色、线型、种类等更丰富的属性。为了区分不同的线,每条线同样要分配一个唯一的 ID。

因为不同的线节点数不同,所以为了提高存储和检索效率,将每条线分两部分存储,一部分是长度固定的索引,另一部分是长度变化的"节点数组"。

线索引结构如下。

```
struct {
        long        ID;              //线编号
        char        isDel;           //是否被删除
        COLORREF    color;           //线颜色
        int         pattern;         //线型(号)
        long        dotNum;          //线节点数
}LIN_NDX_STRU;
```

线节点数据:DOT(可变长度存储),其中单个节点数据结构如下。

```
struct {
        double      x;               //节点 x 坐标
        double      y;               //节点 y 坐标
}D_DOT;
```

2.1.3　区

区是现实世界中面状地物(如地块、湖泊、行政区等)的抽象,在计算机中,区是由平面上三个和三个以上的节点连接而成的封闭图形,即通过有序描述区边界的节点来描述一个最简单的区(因为有孔的区结构过于复杂,本书不讨论此类区),这样,最简单的区就是一个有限多个有序坐标点,如图 2.5 所示。

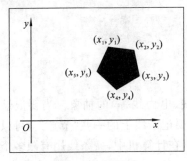

图 2.5　区坐标

图 2.6　面状图形

与点、线类似，区的种类也是多种多样的，除了节点序列，还有颜色、填充图案、种类等属性。为了区分不同的区，每个区同样要分配一个唯一的 ID。

因为不同的区边界节点数不同，所以为了提高存储和检索效率，与线类似，将每个区分两部分存储，一部分是长度固定的索引，另一部分是长度变化的边界"节点数组"。

区索引结构如下。

```
struct{
        long            ID;             //区编号
        charis          Del;            //是否被删除
        COLORREF        color;          //区颜色
        int             pattern;        //图案(号)
        long            dotNum;         //边界节点数
        }REG_NDX_STRU;
```

区边界节点数据：DOT(可变长度存储)，其中单个节点数据结构如下。

```
struct{
        double          x;              //节点 x 坐标
        double          y;              //节点 y 坐标
        }D_DOT;
```

从上述说明可以看出，在本教程中简单区的结构与线相似。本书使用数据库存储点、线、区图形数据，将基于上述结构说明设计进行数据库表设计。便于功能实现，具体设计数据表结构时将适当调整。

2.2　Windows 图形编程

2.2.1　图形绘制方法

Visual C++编写的 Windows 的应用程序通常在视图类 OnDraw 函数中添加绘图代码来完成图形绘制。OnDraw 函数是 CView 类的虚拟成员函数，它在 CView 类的派生类中被重新定义，在接到 WM_PAINT 消息后就会通过消息映射函数 OnPaint 调用它。WM_PAINT 消息是在某个视图窗口需要重画或刷新其显示内容时发出的。如果程序的数据被改变，则可以调用视图的 Invalidate 成员函数使视图窗口无效而发出 WM_PAINT 消息，并最终导致 OnDraw 函数被调用来完成绘图。

在 Windows 平台上，应用程序的图形设备接口(Praphics Device Interface，GDI)被抽象为 DC。DC 也称为设备描述表，是 GDI 中的重要的组成部分，是一种数据结构，它定义了一系列图形对象以及图形对象的属性和图形输出的图形模式。图形对象包括画线用的画笔、填充用的画刷，以及位图和调色板等。

图形设备不能被应用程序直接操控，只能通过调用句柄(HDC)来间接地存取设备上下文及其属性并控制设备。MFC 提供了不同类型的设备类，每一个类都封装了代表 Windows 设备上下文的 HDC 和函数。MFC 中封装了 HDC 的类包括 CDC、CClientDC、CPaintDC、CWindowDC、CMetafileDC。

Visual C++在 Windows 下使用 DC 封装类进行图形绘制的基本步骤如下。

(1) 创建绘图工具并设置颜色、线型、线宽等属性。

（2）将新工具选为 DC 类对象的绘图工具。

（3）调用 DC 类对象的绘图函数进行图形绘制。

（4）恢复 DC 类对象原有的绘图工具。

举例如下（视窗口缺省坐标原点在左上角）。

```
void CMyView::OnDraw(CDC* pDC)
{        //使用缺省画笔画了一条直线,画笔的属性是实线型、1个像素宽、黑色
    pDC->MoveTo(100,100);          //画笔悬空移动到(100,100)处落下
    pDC->LineTo(200,200);          //画笔从当前位置画到(200,200)处
    CPen* pOldPen;                 //申请一个新画笔指针,用于保存当前画笔对象
                                     地址
    CPen dashPen;                  //新画笔对象
    dashPen.CreatePen(PS_DASH,1, RGB(255,0,0));    //创建画笔,虚线、1个像
                                                    素宽、红色
    pOldPen=pDC->SelectObject(&dashPen);  //选择新画笔,pOldPen 指向原画笔
    pDC->LineTo(300,100);          //使用新画笔从当前位置画到(300,100)处
    pDC->SelectObject(pOldPen);    //恢复原画笔
    pDC->LineTo(400,200);          //使用原画笔从当前位置画到(400,200)处
}
```

上述程序的运行结果如图 2.7 所示。

图 2.7 示范程序运行结果

2.2.2 数据坐标系与窗口坐标系

数据坐标系到窗口坐标系的映射可以看成现实世界中的景物在相机屏幕上的显示。假设数据坐标系描述现实世界,窗口坐标系描述相机屏幕。那么,窗口坐标系中显示的图形就可以看成现实世界中一定范围的景象在相机屏幕上的映射。也就是说,相机屏幕上看到的图像是按照一定比例显示的现实世界的局部景象,如果是 1:1 的比例,那么在相机屏幕上看到的图像与现实世界中的景象同样大小,如果是其他比例,那么就是缩小或放大的形式。

同样,窗口坐标系与数据坐标系也存在比例关系,这个比例关系可以理解为数据坐标系中单位长度与窗口坐标系中的长度的投影。如图 2.8 所示,如果窗口坐标系的原点是数据坐标系中 Q 点的投影,那么,位于数据坐标系中

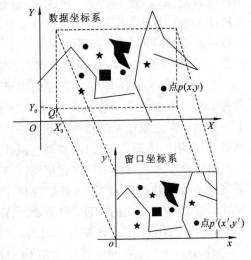

图 2.8 数据坐标系与窗口坐标系映射关系

的一个坐标点 p,当显示到窗口坐标系中时,坐标变为 $p'(x',y')$,它们之间存在以下换算关系

$$x'=(x-X_0) \cdot r$$
$$y'=(y-Y_0) \cdot r$$

式中,r 是数据坐标系中单位长度在窗口坐标系中的投影,类似于地图比例尺。

2.3 数据库基本概念

数据库(database)是按照某种数据模型来组织、存储和管理的数据集合。这种数据集合具有如下特点:尽可能不重复,以最优方式为某个特定组织的多种应用服务,其数据结构独立于使用它的应用程序,对数据的增、删、改和检索统一由软件进行管理和控制。

在 SQL Server 数据库系统中,数据库包括对象、管理、T-SQL 和安全 4 部分,如图 2.9 所示。对象表示数据库中被操作的实体,如表、视图、数据关系图、用户等。管理表示操作或管理对象的一系列手段,如基本操作(增、删、改、查)、触发器、存储过程、约束、事务、锁等。T-SQL 是 SQL 在 SQL Server 上的增强版,为管理对象的手段提供支持。安全是对整个数据库进行监督管理,确保数据库能安全稳定地运行。

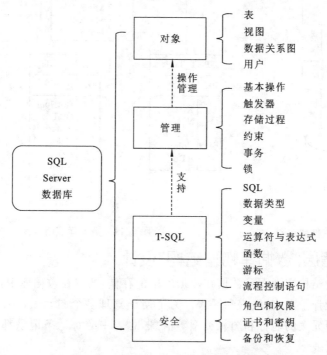

图 2.9 SQL Server 数据库系统组成

数据存储在表中,并且约束和触发器可以保证数据的安全性和完整性。SQL 是关系数据库的标准语言,集数据查询、数据操纵、数据定义和数据控制功能于一体。insert、delete、update 等 SQL 语句可以实现对表中数据的操纵,select 语句可以实现对表中数据的查询并显示查询结果。SQL 为管理手段提供支持,所以在触发器和存储过程中使用上述 SQL 语句也能实现对数据的操纵和查询。

2.4　系统功能与设计说明

2.4.1　软件架构设计

在软件架构设计中,分层式结构是最常见的,也是最重要的一种结构。三层架构就是将整个业务应用划分为表现层、逻辑层和存储层。区分层次的目的就是"高内聚、低耦合"。

表现层可以通俗地概括为用户所见所得的系统界面。逻辑层位于存储层和表现层的中间,起到了数据交换中承上启下的作用,主要负责对存储层的访问操作、数据处理、数据转换、数据分析等。存储层直接对数据库进行添加、删除、修改、查找等操作。三层的关系如图 2.10 所示。

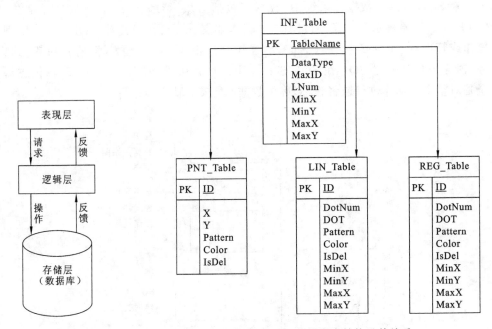

图 2.10　三层软件架构图　　　　　图 2.11　数据库表结构及其关系

2.4.2　存储层"数据库物理结构"设计

数据库物理结构实现图元数据在数据库中的存储,所以在数据库中针对点、线和区这三种图元分别设计了点表、线表和区表。为了便于管理多个图元表,还设计了一个总表,总表用来存储图元表的名称和图元类型等信息,总表中的每一条记录都代表数据库中的一个相应的图元表。

访问数据时首先访问总表,获取图元的汇总信息(如点数、图形范围等),根据获取的图元表的信息进行相应的处理。总表与图形表的关系如图 2.11 所示。

1)总表结构

表 2.1 中的外包络矩形(MinX,MinY,MaxX,MaxY)标识了相应图元表中所有图元(整图)的最外侧边界范围。该外包络矩形可用于控制"复位"等全图显示等操作,使图形完整地显示在视窗中。总表中的外包络矩形只有"增加"或"修改"图元时,才用当前图元

的外包络矩形与整图的外包络矩形进行比较,如果当前图元的外包络矩形超出了整图的外包络矩形,那么就扩展整图的外包络矩形。而在进行图元"删除"操作时,因为只有遍历所有图元才能获得准确的整图外包络矩形,为了算法简便和提高效率,在删除图元时不更新总表中的图形外包络矩形。这就使得外包络矩形可能是个近似值。

表 2.1 总表(INF_Table)结构

字段名称	字段类型	字段长度	字段说明
TableName	varchar	50	图元信息的表的名称
DataType	varchar	10	图元的类型(点、线、区)
MaxID	int	8	"TableName"字段对应图元表中最大 ID 号
LNum	smallint	4	"TableName"字段对应图元表中图元的逻辑数
MinX	float	8	"TableName"字段对应图元表中图元的外包络矩形,MinX、MinY、MaxX、MaxY 分别对应外包络矩形的最小的 x 坐标、最小的 y 坐标、最大的 x 坐标、最大的 y 坐标
MinY	float	8	
MaxX	float	8	
MaxY	float	8	

在该实践中,通过增加"计算图形准确外包络矩形"功能实现总表中的外包络矩形值与实际图形完全一致。该功能通过编写存储过程,可以做得更简便高效,具体实践在练习 31～练习 33 中。

2)点表结构

表 2.2 中,ID 字段由数据库进行自动编号。当插入一条记录(新增一个点)时,数据库会自动将 ID 字段的已有最大值加 1 后得到新的 ID 值并写入新记录的 ID 字段中。

表 2.2 点表(PNT_Table)结构

字段名称	字段类型	字段长度	字段说明
ID	int	8	点的唯一识别;该字段设为自动增长,增量为 1
X	float	8	点的 X 坐标
Y	float	8	点的 Y 坐标
Pattern	smallint	4	点的类型(子图)
Color	int	8	点的颜色
IsDel	tinyint	1	点的删除标记

本教程先练习用客户端程序获取最大 ID,再更新总表中对应的 MaxID 值。在练习 34～练习 35 中,将通过给点图元表、线图元表和区图元表增加 Insert 类型触发器,在数据系统中自动对总表中的 MaxID 进行更新。

IsDel 字段表示图元是否被删除。当 IsDel 的值为 0 时,表示图元未被删除;当 IsDel 的值为 1 时,表示图元已被删除,同时对应图元的逻辑数(总表中的 LNum)减 1。因为图元被删除时,图元表中的对应记录并未真正删除,所以可以为图形编辑器增加"显示被删除点"、"显示被删除线"、"显示被删除区"、"恢复点"、"恢复线"和"恢复区"等功能。

3) 线表结构

表 2.3 中，DOT 字段用于存储线的坐标点。因为一条线的坐标点最少有两个，理论上最多可以是无数个，所以该字段存储的是大小不确定的数据，故使用 Image 数据类型。在 SQL Server 数据库中，Image 类型字段最大长度是 2 GB。

表 2.3 线表（LIN_Table）结构

字段名称	字段类型	字段长度	字段说明
ID	int	8	线的 ID，用来识别线
DotNum	int	8	线中包含的点的个数
DOT	image	可变长	线中的点的坐标数据
Pattern	smallint	4	线的类型（线型）
Color	int	8	线的颜色
IsDel	tinyint	1	线的删除标记
MinX	int	8	线的外包络矩形的最小 x 坐标
MinY	int	8	线的外包络矩形的最小 y 坐标
MaxX	int	8	线的外包络矩形的最大 x 坐标
MaxY	int	8	线的外包络矩形的最大 y 坐标

每条线都有一个外包络矩形，由 MinX、MinY、MaxX、MaxY 四个字段表示，在"增加"或"更新"线时实时计算线的外包络矩形。

表 2.3 中，ID 和 IsDel 字段的含义与点表相同，请参阅上述点表结构的说明。

4) 区表结构

表 2.4 区表（REG_Table）结构

字段名称	字段类型	字段长度	字段说明
ID	int	8	区的 ID，用来识别线
DotNum	int	8	区中包含的顶点的个数
DOT	image	可变长	区中的点的坐标数据
Pattern	smallint	4	区的类型
Color	int	8	区的颜色
IsDel	tinyint	1	区的删除标记
MinX	int	8	区的外包络矩形的最小 x 坐标
MinY	int	8	区的外包络矩形的最小 y 坐标
MaxX	int	8	区的外包络矩形的最大 x 坐标
MaxY	int	8	区的外包络矩形的最大 y 坐标

为了降低数据结构和软件的复杂度，该实践所指的"区"都是没有洞且只有一圈边界的简单区，因此其结构与线图元相似。

区表中各字段的含义与线表完全相同，请参阅点表和线表的相关说明。

2.4.3　逻辑层"数据管理接口"设计

逻辑层在系统架构中起着承上启下的作用,使得存储层与表现层互相独立。逻辑层封装了一系列的数据管理接口函数,通过这些接口,表现层可以基于点、线、区等概念进行操作,如"添加点"、"删除区"等,而不需要涉及 SQL 语句等存储细节,从而使得上层应用程序逻辑上更清晰、开发更方便、维护更容易。

在逻辑层提供的接口中,"连接数据库"接口可以和数据源建立一个连接,"断开数据库"接口用于关闭和数据源之间的连接;"初始化图形数据"接口可以将数据源恢复原始状态;其他接口则提供了方便地访问总表中的各种信息的渠道。逻辑层对于点、线、区图形分别提供了相应的增、删、改、查操作接口,如添加点、查找点、删除点、修改点等接口,针对线和区图元也设计了类似的接口。在逻辑层中,有些接口包含了一组函数,以实现不同的数据获取需求、方便上层应用程序设计,如取线坐标、取线范围、取线数等。

在本教程中,所有的数据访问接口都封装在了名为 DataBaseDll 的动态库中,该动态库的创建在练习 1 中完成。表现层的应用程序通过动态链接的方式加载动态库,进行接口调用,实现具体的功能。

动态库中接口函数的调用,也可以使用静态链接的方式调用,具体方法是在 C++源程序中包含动态库的接口函数原型说明(.h 文件),将动态链接库编译过程中生成的接口函数库(.lib 文件)添加到应用程序工程中,感兴趣的学生可以试一试。

在后续的练习中,凡是实现"xxx"接口的练习,都是指往动态库 DataBaseDLL 工程中添加接口函数,并编程实现。

2.4.4　表现层"功能及菜单"设计

表现层是用户能够看到并可以与它进行交互的程序界面。用户在表现层中输入、修改图形对象。表现层位于软件架构的顶层,它通过调用逻辑层中的接口,间接地访问数据库中的数据。表现层实现了菜单功能和各种鼠标操作,具体的菜单如下。

(1) 主菜单:文件、计算、点编辑、线编辑、区编辑。

(2) 二级菜单:①文件,连接数据库、初始化图形数据库、断开数据库;②计算,外包络矩形;③点编辑,造点、移动点、删除点;④线编辑,造线、移动线、删除线;⑤区编辑,造区、移动区、删除区。

表现层的所有功能在一个 MFC 应用程序中实现,该应用程序的创建在练习 7 中完成。在后续的练习中,凡是实现"xxx"功能的练习,都是指往该应用程序中添加代码实现相应的菜单功能。

第3章 系统实现过程

练习1:创建图形数据管理层动态库工程

1. 练习内容(反复练习下列内容,达到练习目标)

(1) 复习 Windows 基本操作。

(2) 复习 Visual Studio 2010 操作环境。

(3) 练习在 Visual Studio 2010 中创建 MFC DLL 项目的方法。

(4) 学习动态链接库相关知识。

(5) 了解项目与解决方案的异同。

2. 练习目标(练习结束时请在达到的目标前加"√")

(1) 掌握新建(New)项目或解决方案的方法,理解各步骤中选择项的含义和作用。

(2) 理解动态链接库的含义和作用。

(3) 了解项目与解决方案的异同。

3. 上机指南

(1) 启动 Visual Studio 2010。

(2) 创建一个新的项目。

① 执行"File(文件)"→"New(新建)"→"Project(项目)"命令,弹出如图 3.1 所示的新建项目初始对话框。

② 在对话框左侧"已安装的模板"中选择 Visual C++下的 MFC。

③ 在对话框中间选择 MFC DLL。

④ 在对话框下侧"名称"后面输入项目名称 DataBaseDLL。在"解决方案名称"后面输入解决方案名称 MapEditor。

⑤ 在"位置"下拉列表框中选择项目存放的目录,也可以单击"浏览"按钮选择或创建目录。

⑥ 单击"确定"按钮,进入"MFC DLL 向导"的欢迎页面,如图 3.2 所示。

⑦ 单击"下一步"按钮,向导进入"应用程序设置"页面,并选择"使用共享 MFC DLL 的规则 DLL"如图 3.3 所示。

⑧ 单击"完成"按钮,生成解决方案。

练习2:在数据库中手动创建所需数据表

1. 练习内容(反复练习下列内容,达到练习目标)

(1) 学习 SQL Server 管理器(SQL Server Management Studio)的使用方法。

(2) 学习使用 SQL Server 管理器创建数据库的方法。

(3) 学习使用 SQL Server 管理器创建数据库表的方法。

(4) 熟悉 SQL Server 数据库的数据类型。

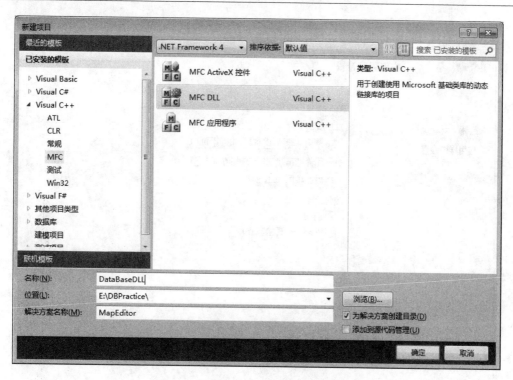

图 3.1　新建 MFC DLL 项目初始对话框

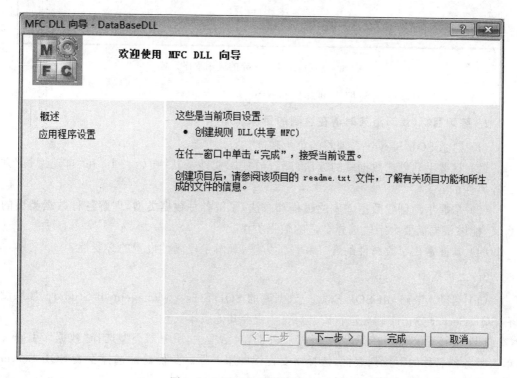

图 3.2　MFC DLL 向导的欢迎页面

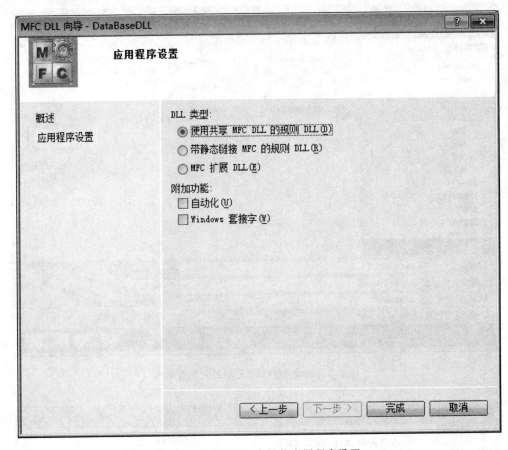

图 3.3　MFC DLL 向导的应用程序设置

（5）练习设置字段的数据类型和属性的方法。

2. 练习目标（练习结束时请在达到的目标前加"√"）

（1）熟悉 SQL Server 管理器的菜单功能。

（2）掌握手动创建数据库的方法，理解数据库文件及其"初始大小"和"自动增长"方式等属性的含义。

（3）掌握手动创建数据库表的过程和方法，了解各种数据类型，理解各种数据类型的含义，能够根据需要为字段选择合适的数据类型。

（4）掌握常用字段属性的含义和设置方法，理解字段属性设置的必要性。

3. 上机指南

（1）启动 Microsoft SQL Server 数据库的 SQL Server Management Studio。如果没有 SQL Server 数据库则先进行安装（2008 或者其他版本）。

（2）连接服务器。在弹出的"连接服务器"对话框中，服务器类型选择"数据库引擎"。单击服务器名称的下拉列表框，选择所要连接的服务器。身份验证选择安装 SQL Server 时设置的验证方式，如图 3.4 所示。

（3）打开对象资源管理器。执行"查看"→"对象资源管理器"命令，在窗口中显示"对

图 3.4　连接到服务器对话框

象资源管理器",如图 3.5 所示。

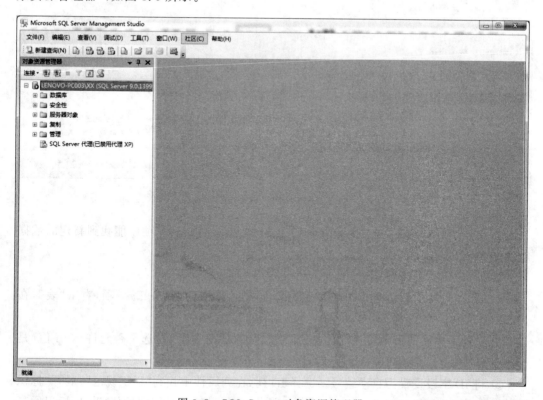

图 3.5　SQL Server 对象资源管理器

（4）新建数据库

① 右击"对象资源管理器"中的"数据库"项，在弹出的快捷菜单中单击"新建数据库"菜单项。

② 在弹出的"新建数据库"窗口中，输入数据库名称 MapDataBase。在"数据库文件"项下，单击"路径"列下的"…"按钮更改数据库文件的路径，如图 3.6 所示。

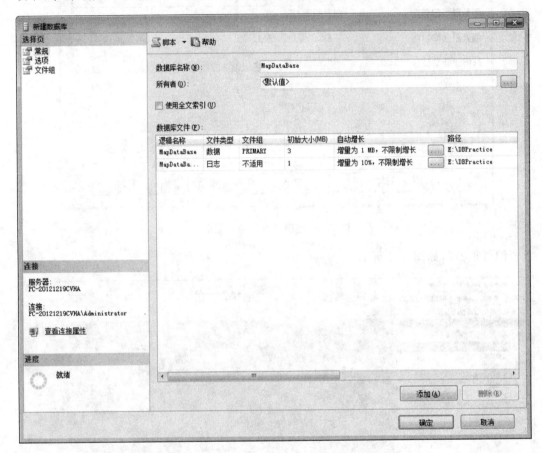

图 3.6　新建数据库

③ 单击"确定"按钮。在"对象资源管理器"中，展开"数据库"项就能找到新建的数据库 MapDataBase 了。

（5）新建"点"表。

① 展开"对象资源管理器"中的"数据库"项，再展开 MapDataBase 项，右击"表"，在弹出的菜单中单击"新建表"菜单项。

② 在屏幕中间的页中输入列名，选择对应列的数据类型，勾选是否允许 Null 值（是否允许该列为空），如图 3.7 所示。

③ 将 ID 字段设置为自动编号。选择 ID 列，在列属性中找到"标识规范"，展开"标识规范"项，将"（是标识）"设置为是，如图 3.8 所示。注意标识种子（起始值）为 1，标识增量为 1。

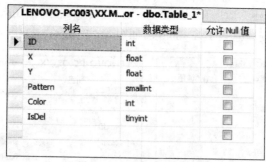

LENOVO-PC003\XX.M...or - dbo.Table_1*
列名
数据类型
允许 Null 值
ID
int
X
float
Y
float
Pattern
smallint
Color
int
IsDel
tinyint

图 3.7　输入“点”表的字段信息

列属性
(常规)
(名称)
ID
默认值或绑定
数据类型
int
允许空
否
表设计器
RowGuid
否
标识规范
是
(是标识)
是
标识增量
1
标识种子
1
不用于复制
否
(是标识)

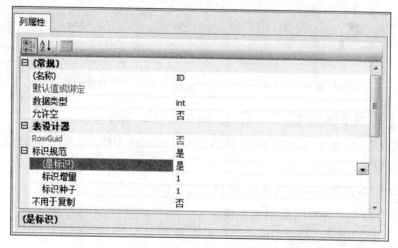

图 3.8　修改 ID 字段的属性

④ 保存表。输入“点”表的字段信息后，右击页面标签 LENOVO-PC003\XX. M…or-dbo. Table_1*，在弹出的菜单中选择“保存 Table_1”。在弹出的“选择名称”对话框中输入表名称 PNT_Table，并单击“确定”按钮。

(6) 新建“线”表和“区”表。

① 参照第(5)步新建 LIN_Table，ID 字段设为自动编号，如图 3.9 所示。

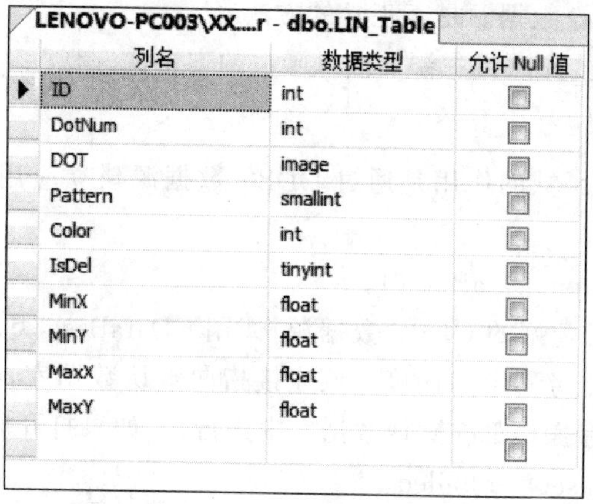

LENOVO-PC003\XX....r - dbo.LIN_Table
列名
数据类型
允许 Null 值
ID
int
DotNum
int
DOT
image
Pattern
smallint
Color
int
IsDel
tinyint
MinX
float
MinY
float
MaxX
float
MaxY
float

图 3.9　新建的“线”表 LIN_Table

② 参照第(5)步新建 REG_Table,ID 字段设为自动编号,如图 3.10 所示。

(7) 参照第(5)步新建总表 INF_Table,如图 3.11 所示。

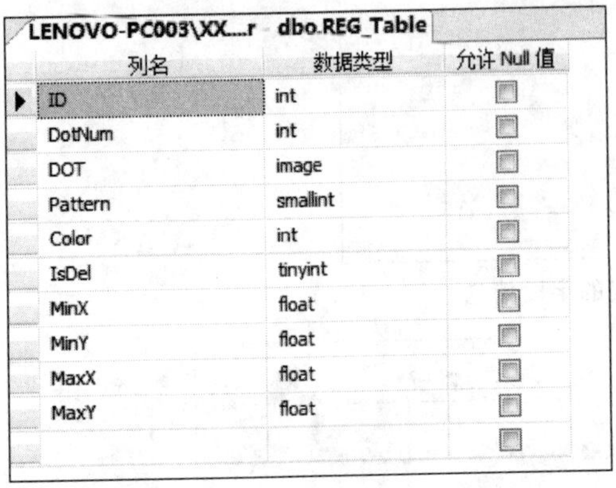

LENOVO-PC003\XX....r - dbo.REG_Table		
列名	数据类型	允许 Null 值
▶ ID	int	☐
DotNum	int	☐
DOT	image	☐
Pattern	smallint	☐
Color	int	☐
IsDel	tinyint	☐
MinX	float	☐
MinY	float	☐
MaxX	float	☐
MaxY	float	☐
		☐

图 3.10　新建的"区"表 REG_Table

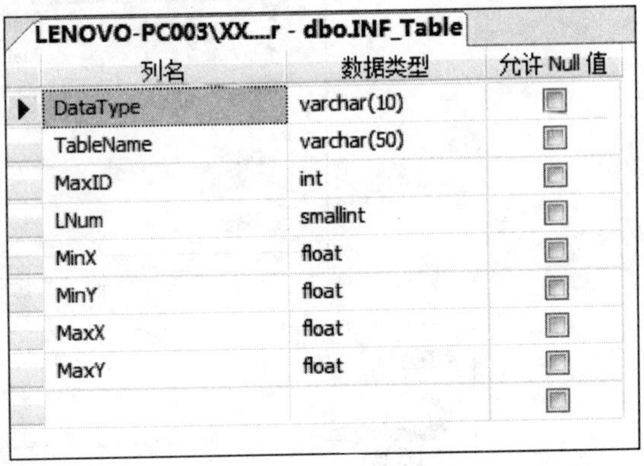

LENOVO-PC003\XX....r - dbo.INF_Table		
列名	数据类型	允许 Null 值
▶ DataType	varchar(10)	☐
TableName	varchar(50)	☐
MaxID	int	☐
LNum	smallint	☐
MinX	float	☐
MinY	float	☐
MaxX	float	☐
MaxY	float	☐
		☐

图 3.11　新建的总表 INF_Table

练习 3:建立"连接数据库"和"断开数据库"接口

从该练习开始,所有"接口"的实现都是往 DataBaseDLL 工程中添加相关函数的代码。

1. 练习内容(反复练习下列内容,达到练习目标)

(1) 查阅资料,学习 ODBC 的基本概念。

(2) 练习添加 ODBC 数据源的方法和步骤。

(3) 练习动态链接库中添加接口函数的方法。

2. 练习目标(练习结束时请在达到的目标前加"√")

(1) 理解 ODBC 的概念和作用。

(2) 掌握添加 ODBC 数据源的方法和步骤。

(3) 理解数据源连接时身份认证的作用。

(4) 理解默认数据库的作用。

(5) 掌握测试 ODBC 数据源是否正常的方法。

(6) 掌握往动态链接库项目中添加接口函数的方法。

3. 接口说明

"连接数据库"接口函数的作用是通过 ODBC 数据源建立应用程序客户端与数据库服务器端的连接。

【函数原型】long OpenDataBase()。

【实现过程】通过已建好的 ODBC 数据源,使用 CDataBase 类的 open 成员函数打开数据库(建立客户端—服务器端的连接。该连接指向默认数据库,在 SQL 语句不明确指定数据库的情况下,所有操作都在默认数据库中进行)。如果打开成功则返回 Success,否则返回错误信息 DataBaseOpenFailed。

"断开数据库"接口函数的作用与连接数据库接口的作用相反,是断开客户端与服务器端的连接。

【函数原型】void CloseDataBase()。

【实现过程】如果数据库已打开,则使用与打开数据库相同的 CDataBase 对象,使用该对象的 close 成员函数断开数据库服务器与应用程序客户端的连接。

4. 实现过程说明

实现"连接数据库"和"断开数据库"接口函数需要完成以下步骤。

(1) 新建数据源。

(2) 定义错误列表信息。

(3) 在图形数据管理层动态库 DataBaseDLL 中编写"连接数据库"的接口 OpenDataBase()和"断开数据库"的接口 CloseDataBase()。

5. 上机指南

(1) 添加数据源。执行"控制面板"→"系统和安全"→"管理工具"→"数据源(ODBC)"命令,如图 3.12 所示。

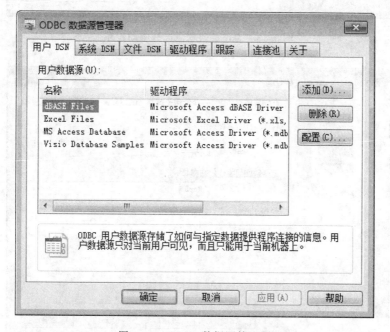

图 3.12　ODBC 数据源管理器

(2) 单击"添加"按钮,在弹出的"创建数据源"对话框中选择 SQL Server,如图 3.13 所示。最后单击"完成"按钮。

(3) 在弹出的"创建到 SQL Server 的新数据源"对话框中,输入数据源名称 SQLDB,数据源描述 MapDB,服务器选择练习 2 中 SQL Server Management Studio 所连接的服务器,如图 3.14 所示。最后单击"下一步"按钮。

(4) 按照练习 2 中 SQL Server Management Studio 连接服务器时的登录方式进行设置,如图 3.15 所示。最后单击"下一步"按钮。

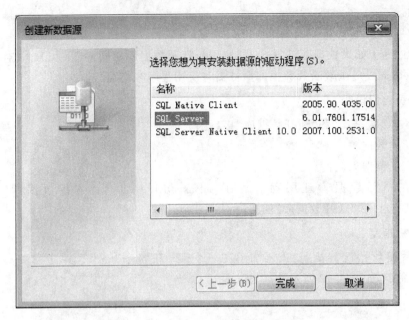

图 3.13 为添加数据源选择驱动程序

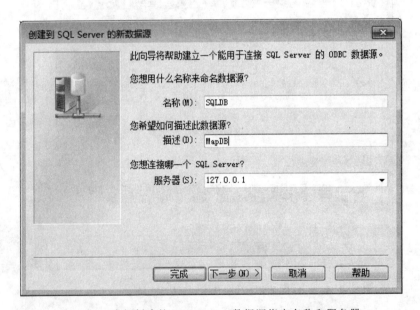

图 3.14 为新创建的 SQL Server 数据源指定名称和服务器

（5）选中"更改默认的数据库为："复选框，并在其下拉列表框中选择练习 2 所创建的数据库 MapDataBase，如图 3.16 所示。

（6）保留默认设置，单击"完成"按钮。在弹出的"ODBC Microsoft SQL Server 安装"对话框中单击"测试数据源"按钮，如图 3.17 所示。

（7）若提示测试成功，则说明数据源建立成功，单击"确定"按钮返回"ODBC 数据源管理器"，并能在数据源列表中看到新建的数据源 SQLDB。这时就能通过数据源与数据

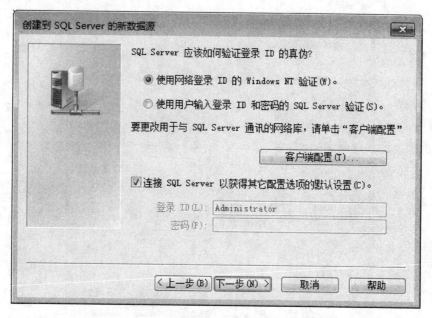

图 3.15　为 ODBC 新数据源选择验证登录方式

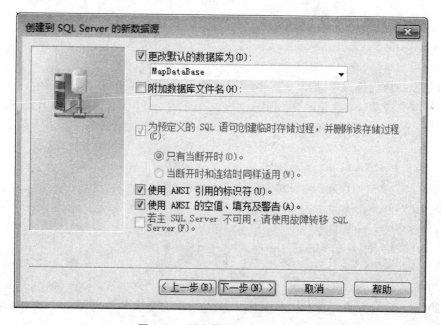

图 3.16　更改数据源默认数据库

库进行连接。

（8）启动 Visual Studio 2010，打开练习 1 创建的解决方案 MapEditor。

（9）添加文件。

① 新建头文件。为 DataBaseDLL 项目添加头文件 MyDataType. h。

② 防止头文件被重复包含。在 MyDataType. h 添加如下宏定义。

图 3.17　测试 ODBC 数据源

```
#ifndef      MYDATATYPE_H
#define      MYDATATYPE_H
#endif
```

说明：在后面的练习中，所有添加的宏定义语句都加到 #endif 语句之前。

（10）定义错误列表信息。在 MyDataType.h 的 #endif 语句前添加如下宏定义。

```
#define Success              1      //成功
#define GetProcAddressFailed 0      //获取动态库函数执行地址失败
#define DataBaseIsNotOpen   -1      //数据库没打开
#define RecordsetOpenFailed -2      //记录集打开失败
#define SelectFailed        -3      //没有查询到记录
#define LoadLibraryFailed   -4      //加载动态库失败
#define DataBaseOpenFailed  -5      //数据库打开失败
#define ParameterError      -6      //参数错误
```

（11）包含头文件。在 DataBaseDLL.h 中包含头文件 MyDataType.h。

（12）添加全局变量。在 DataBaseDLL.cpp 中添加全局变量：CDatabase　Gdb。

（13）添加"连接数据源"的接口。

① 在 DataBaseDLL.h 中的 CDataBaseDLLApp 类声明外部添加如下函数声明。

```
extern "C" _declspec(dllexport) long OpenDataBase();    //打开数据库
```

② 在 DataBaseDLL.cpp 中添加如下函数定义。

```
long OpenDataBase()
{
    long result;
```

```
if(Gdb.Open(_T("SQLDB"),FALSE,FALSE,_T("ODBC;"),TRUE))   //连接数据源
    result=Success;
else
{
    MessageBox(NULL,_T("数据库连接失败!"),_T("错误"),0);
    result=DataBaseOpenFailed;
}
return result;
}
```

说明：接口函数的声明都添加在 CDataBaseDLLApp 类声明的外部。

（14）添加"关闭数据源"的接口。

① 在 DataBaseDLL. h 中添加如下函数声明。

```
extern "C" _declspec(dllexport) void CloseDataBase();   //关闭数据库
```

② 在 DataBaseDLL. cpp 中添加如下函数定义。

```
void CloseDataBase()
{
    if(Gdb.IsOpen())
        Gdb.Close();   //关闭数据源
}
```

练习 4：实现"初始化图形数据库"接口

1. 练习内容（反复练习下列内容，达到练习目标）

（1）练习阅读 SQL 语句，然后在理解的基础上独立重写直至能够完全正确重述。

（2）深入练习 SQL 语句的编写方法。

（3）练习 C++语言中通过 CDatabase 类使用 SQL 语言的方法。

（4）练习 CDatabase 类的主要成员函数 ExecuteSQL()的用法。

2. 练习目标（练习结束时请在达到的目标前加"√"）

（1）掌握 C++中使用 CDatabase 类执行 SQL 语句访问数据库的过程。

（2）掌握用 SQL 语句实现下列操作的方法：判断表是否存在；删除表；创建表；往表中插入一条新记录。

3. 接口说明

"初始化图形数据库"接口的功能是将数据库中的所有表（总表、点表、线表、区表）中的内容清空，并将自动编号的起始值重置为 1。

【函数原型】long InitTable()。

【实现过程】判断图形数据库中总表 INF_Table 和分表 PNT_Table、LIN_Table、REG_Table 是否存在，如果存在，则先删除已经存在的表，然后再重新创建所删除的表，最后给总表添加点、线、区对应的 3 条初始记录。

4. 上机指南

（1）启动 Visual Studio 2010，在练习 3 的基础上进行以下操作。

（2）添加"初始化图形数据库"的接口。

① 在 DataBaseDLL.h 中添加如下函数声明。

```
extern "C" _declspec(dllexport) long InitTable();      //初始化图形数据库
```

② 在 DataBaseDLL.cpp 中添加如下函数定义。

```
long InitTable()
{
    long result;
    if(Gdb.IsOpen())
    {
        CString sql= L"if exists(select * from dbo.sysobjects where name=
'INF_Table') drop table INF_Table \r\n";
        sql += L"create table INF_Table(DataType varchar(10)not null,
TableName varchar(50) not null,MaxID int not null,LNum smallint not
null,MinX float not null,MinY float not null,MaxX float not null,MaxY
float not null)";
        Gdb.ExecuteSQL(sql);         //执行创建总表的 SQL 操作
        sql= L"if exists(select *  from dbo.sysobjects where name= 'PNT_
Table') drop table PNT_Table \r\n";
        sql += L"create table PNT_Table(ID int not null identity(1,1),X
float not null,Y float not null,Pattern smallint not null,Color int not
null,IsDel tinyint not null)";
        Gdb.ExecuteSQL(sql);         //执行创建点表的 SQL 操作
        sql= L"if exists(select *  from dbo.sysobjects where name= 'LIN_
Table') drop table LIN_Table \r\n";
        sql += L"create table LIN_Table(ID int not null identity(1,1),
DotNum int not null,DOT image not null,Pattern smallint not null,Color
int not null,IsDel tinyint not null,MinX float not null,MinY float not
null,MaxX float not null,MaxY float not null)";
        Gdb.ExecuteSQL(sql);         //执行创建线表的 SQL 操作
        sql= L"if exists(select * from dbo.sysobjects where name= 'REG_
Table') drop table REG_Table \r\n";
        sql += L"create table REG_Table(ID int not null identity(1,1),
DotNum int not null,DOT image not null,Pattern smallint not null,Color
int not null,IsDel tinyint not null,MinX float not null,MinY float not
null,MaxX float not null,MaxY float not null)";
        Gdb.ExecuteSQL(sql);         //执行创建区表的 SQL 操作
        sql="insert into INF_Table values('PNT','PNT_Table',0,0,0,0,0,
0)";
        Gdb.ExecuteSQL(sql);         //执行往点表中插入一条初始记录操作
        sql="insert into INF_Table values('LIN','LIN_Table',0,0,0,0,0,
0)";
```

```
        Gdb.ExecuteSQL(sql);              //执行往线表中插入一条初始记录操作
        sql="insert into INF_Table values('REG','REG_Table',0,0,0,0,0,
0)";
        Gdb.ExecuteSQL(sql);              //执行往区表中插入一条初始记录操作
        result=Success;
    }
    else
    {
        MessageBox(NULL,_T("数据库连接失败!"),_T("错误"),0);
        result=DataBaseIsNotOpen;
    }
    return result;
}
```

练习 5：实现访问图形数据总表的接口

1. 练习内容（反复练习下列内容，达到练习目标）

（1）大量阅读 SQL 语句，然后在理解的基础上独立重写直至能够完全正确重述。

（2）复习巩固练习 4 的知识和技能。

（3）深入练习 SQL 语句的编写方法。

（4）练习 C++语言中通过 CRecordset 类访问数据库表格记录的方法。

（5）查阅资料，学习 CRecordset 常用成员函数的用法。

（6）了解常用的数据类型转换函数。

2. 练习目标（练习结束时请在达到的目标前加"√"）

（1）理解 CRecordset 类及其与 CDatabase 的关系。

（2）掌握 CRecordset 类成员函数的用法。

（3）掌握 C++中使用 CRecordset 类访问数据库表的方法。

（4）掌握通过 CRecordset 类的 GetFieldValue 成员函数获取字段值的方法。

（5）掌握判断 CRecordset 记录集中是否为"空"的方法。

3. 接口说明

访问图形数据总表的接口有 6 组，分别如下。

（1）"获取图元最大 ID"接口。此接口的功能是从总表的 MaxID 字段中获取数据。其中又分为获取点图元的最大 ID、获取线图元的最大 ID、获取区图元的最大 ID。

① 获取点图元的最大 ID。

【函数原型】long GetPntMaxID(long * PntMaxID)。

【参数说明】PntMaxID 为 long 型变量的地址，用于返回获取到的点图元的最大 ID。

② 获取线图元的最大 ID。

【函数原型】long GetLinMaxID(long * LinMaxID)。

【参数说明】LinMaxID 为 long 型变量的地址，用于返回获取到的线图元的最大 ID。

③ 获取区图元的最大 ID。

【函数原型】long GetRegMaxID(long * RegMaxID)。

【参数说明】RegMaxID 为 long 型变量的地址,用于返回获取到的区图元的最大 ID。

(2)"更新图元最大 ID"接口。此接口的功能是更新总表中 MaxID 字段的数据。其中又分为更新点图元最大 ID、更新线图元最大 ID、更新区图元最大 ID。

① 更新点图元的最大 ID。

【函数原型】long UpdatePntMaxID(long PntMaxID)。

【参数说明】PntMaxID 传入点图元的最大 ID。

② 更新线图元的最大 ID。

【函数原型】long UpdateLinMaxID(long LinMaxID)。

【参数说明】LinMaxID 传入线图元的最大 ID。

③ 更新区图元的最大 ID。

【函数原型】long UpdateRegMaxID(long RegMaxID)。

【参数说明】RegMaxID 传入区图元的最大 ID。

(3)"获取图元逻辑数"接口。此接口的功能是从总表的 LNum 字段中获取数据。其中又分为获取点图元的逻辑数、获取线图元的逻辑数、获取区图元的逻辑数。

① 获取点图元的逻辑数。

【函数原型】long GetPntLNum(int * PntLNum)。

【参数说明】PntLNum 为 int 型变量的地址,用于返回获取到的点图元的逻辑数。

② 获取线图元的逻辑数。

【函数原型】long GetLinLNum(int * LinLNum)。

【参数说明】LinLNum 为 int 型变量的地址,用于返回获取到的线图元的逻辑数。

③ 获取区图元的逻辑数。

【函数原型】long GetRegLNum(int * RegLNum)。

【参数说明】RegLNum 为 int 型变量的地址,用于返回获取到的区图元的逻辑数。

(4)"更新图元逻辑数"接口。此接口的功能是更新总表中 LNum 字段的数值。其中又分为增减点图元逻辑数、增减线图元逻辑数、增减区图元逻辑数。

① 增减点图元逻辑数。

【函数原型】long UpdatePntLNum(long DelNum)。

② 增减线图元逻辑数。

【函数原型】long UpdateLinLNum(long DelNum)。

③ 增减区图元逻辑数。

【函数原型】long UpdateRegLNum(long DelNum)。

【参数说明】DelNum 指定总表中点、线、区对应记录的 LNum 字段的值是加 1 还是减 1。DelNum 为 1 表示加 1,DelNum 为－1 表示减 1,DelNum 为其他值,则返回错误信息 ParameterError。

(5)"获取图形外包络矩形"接口。此接口的功能是从总表的 MinX 字段、MinY 字段、MaxX 字段、MaxY 字段中获取外包络矩形的参数。其中又分为获取点图形的外包络矩形、获取线图形的外包络矩形、获取区图形的外包络矩形。

① 获取点图形的外包络矩形。

【函数原型】long GetAllPntRect(D_RECT * ptrc)。

② 获取线图形的外包络矩形。

【函数原型】long GetAllLinRect(D_RECT * ptrc)。

③ 获取区图形的外包络矩形。

【函数原型】long GetAllRegRect(D_RECT * ptrc)。

【参数说明】ptrc 为 D_RECT 类型变量的地址，用于返回图形的外包络矩形。

（6）"更新图形外包络矩形"接口。此接口的功能是更新总表中 MinX 字段、MinY 字段、MaxX 字段、MaxY 字段的数值。其中又分为更新点图形外包络矩形、更新线图形外包络矩形、更新区图形外包络矩形。

① 更新点图形外包络矩形。

【函数原型】long UpdateAllPntRect(D_RECT * rc)。

② 更新线图形外包络矩形。

【函数原型】long UpdateAllLinRect(D_RECT * rc)。

③ 更新区图形外包络矩形。

【函数原型】long UpdateAllRegRect(D_RECT * rc)。

【参数说明】rc 为 D_RECT 型变量的地址，用于传入点、线、区图形的外包络矩形。

想一想，试一试：上述 6 组接口共 18 个函数，显得非常多，事实上每一组接口函数都可以合并成 1 个函数，这样 6 组函数就只有 6 个函数；如果每组合并成一个函数，很显然需要给函数增加 1 个参数用于区分点、线、区类型，另外对应的 SQL 语句也要进行改造；试想一下如何改造，感兴趣的学生可以在基本练习完成后对代码进行重构。

4. 上机指南

（1）打开 Visual Studio 2010，在练习 4 的基础上进行以下练习。

（2）定义矩形结构体。打开 DataBaseDLL 工程中的 MyDataType. h 添加矩形结构体 D_RECT 的定义。

```
typedef struct ExternalRect{
  double max_x;
      double max_y;
      double min_x;
      double min_y;
  }D_RECT;
```

（3）添加"获取图元最大 ID"接口。

① 添加"获取图元最大 ID"接口的声明。打开 DataBaseDLL. h，在里面添加如下代码。

```
extern "C" _declspec(dllexport) long GetPntMaxID(long* PntMaxID);
extern "C" _declspec(dllexport) long GetLinMaxID(long* LinMaxID);
```

```
            extern "C" _declspec(dllexport) long GetRegMaxID(long* RegMaxID);
```
② 添加"获取图元最大 ID"接口的定义。打开 DataBaseDLL.cpp,在里面添加如下代码。
```
long GetPntMaxID(long* PntMaxID)
{
    long result;
    if(Gdb.IsOpen())
    {
        CString sql;
        sql.Format(_T("select* from INF_Table where TableName='PNT_Table'"));
        CString str;
        CRecordset rs;
        rs.m_pDatabase=&Gdb;                          //包含记录集的连接的数据源
        if(! rs.Open(CRecordset::dynamic,sql))        //打开查询总表中点图元的记录集
            return RecordsetOpenFailed;
        if(rs.GetRecordCount()!=0)
        {
            rs.GetFieldValue(_T("MaxID"),str);        //获取点的最大 ID
            * PntMaxID=_ttol(str);                    //返回点图元的最大 ID
            result=Success;
        }
        else
            result=SelectFailed;
        rs.Close();
    }
    else
    {
        MessageBox(NULL,_T("数据库连接失败!"),_T("错误"),0);
        result=DataBaseIsNotOpen;
    }
    return result;
}
long GetLinMaxID(long* LinMaxID)
{
    long result;
    if(Gdb.IsOpen())
    {
        CString sql;
        sql.Format(_T("select* from INF_Table where TableName='LIN_Table'"));
        CString str;
        CRecordset rs;
        rs.m_pDatabase=&Gdb;
        if(! rs.Open(CRecordset::dynamic,sql))        //打开查询总表中线图元的记录集
```

```
        return RecordsetOpenFailed;
        if(rs.GetRecordCount()! =0)
        {
            rs.GetFieldValue(_T("MaxID"),str);     //获取线图元的最大 ID
            * LinMaxID=_ttol(str);
            result=Success;
        }
        else
            result=SelectFailed;
        rs.Close();
    }
    else
    {
        MessageBox(NULL,_T("数据库连接失败!"),_T("错误"),0);
        result=DataBaseIsNotOpen;
    }
    return result;
}
long GetRegMaxID(long* RegMaxID)
{
    long result;
    if(Gdb.IsOpen())
    {
        CString sql;
        sql.Format(_T("select* from INF_Table where TableName='REG_Table'"));
        CString str;
        CRecordset rs;
        rs.m_pDatabase=&Gdb;
        if(! rs.Open(CRecordset::dynamic,sql))    //打开查询总表中区图元的记录集
            return RecordsetOpenFailed;
        if(rs.GetRecordCount()!=0)
        {
            rs.GetFieldValue(_T("MaxID"),str);     //获取区图元的最大 ID
            *RegMaxID=_ttol(str);
            result=Success;
        }
        else
            result=SelectFailed;
        rs.Close();
    }
    else
    {
```

```
        MessageBox(NULL,_T("数据库连接失败!"),_T("错误"),0);
        result=DataBaseIsNotOpen;
    }
    return result;
}
```

（4）添加"更新图元最大 ID"接口。

① 添加"更新图元最大 ID"接口声明。打开 DataBaseDLL.h，在里面添加如下代码。

```
extern "C" _declspec(dllexport) long UpdatePntMaxID(long PntMaxID);
extern "C" _declspec(dllexport) long UpdateLinMaxID(long LinMaxID);
extern "C" _declspec(dllexport) long UpdateRegMaxID(long RegMaxID);
```

② 添加"更新图元最大 ID"接口定义。打开 DataBaseDLL.cpp，在里面添加如下代码。

```
long UpdatePntMaxID(long PntMaxID)
{
    long result;
    if(Gdb.IsOpen())
    {
        CString sql;
        sql.Format(_T("update INF_Table set MaxID=%d where TableName='PNT_
        Table'"),PntMaxID);
        Gdb.ExecuteSQL(sql);           //执行更新点图元的最大 ID 的 SQL 操作
        result=Success;
    }
    else
    {
        MessageBox(NULL,_T("数据库连接失败!"),_T("错误"),0);
        result=DataBaseIsNotOpen;
    }
    return result;
}
long UpdateLinMaxID(long LinMaxID)
{
    long result;
    if(Gdb.IsOpen())
    {
        CString sql;
        sql.Format(_T("update INF_Table set MaxID=%d where TableName='LIN_
        Table'"),LinMaxID);
        Gdb.ExecuteSQL(sql);           //执行更新线图元的最大 ID 的 SQL 操作
        result=Success;
    }
    else
```

```
    {
        MessageBox(NULL,_T("数据库连接失败!"),_T("错误"),0);
        result=DataBaseIsNotOpen;
    }
    return result;
}
long UpdateRegMaxID(long RegMaxID)
{
    long result;
    if(Gdb.IsOpen())
    {
        CString sql;
        sql.Format(_T("update INF_Table set MaxID=%d where TableName='REG_
        Table'"),RegMaxID);
        Gdb.ExecuteSQL(sql);          //执行更新区图元的最大 ID 的 SQL 操作
        result=Success;
    }
    else
    {
        MessageBox(NULL,_T("数据库连接失败!"),_T("错误"),0);
        result=DataBaseIsNotOpen;
    }
    return result;
}
```

（5）添加"获取图元逻辑数"接口。

① 添加"获取图元逻辑数"接口声明。打开 DataBaseDLL. h，在里面添加如下代码。

```
extern "C" _declspec(dllexport) long GetPntLNum(int* PntLNum);
extern "C" _declspec(dllexport) long GetLinLNum(int* LinLNum);
extern "C" _declspec(dllexport) long GetRegLNum(int* RegLNum);
```

② 添加"获取图元逻辑数"接口定义。打开 DataBaseDLL. cpp，在里面添加如下代码。

```
long GetPntLNum(int* PntLNum)
{
    long result;
    if(Gdb.IsOpen())
    {
        CString sql;
        sql.Format(_T("select* from INF_Table where TableName='PNT_Table'"));
        CString str;
        CRecordset rs;
        rs.m_pDatabase=&Gdb;
        if(! rs.Open(CRecordset::dynamic,sql))   //打开查询总表中点图元的记录集
```

```
        return RecordsetOpenFailed;
    if(rs.GetRecordCount()!=0)
    {
        rs.GetFieldValue(_T("LNum"),str);  //获取点图元的逻辑数
        * PntLNum=_ttol(str);
        result=Success;
    }
    else
        result=SelectFailed;
    rs.Close();
    }
    else
    {
        MessageBox(NULL,_T("数据库连接失败!"),_T("错误"),0);
        result=DataBaseIsNotOpen;
    }
    return result;
}
long GetLinLNum(int*LinLNum)
{
    long result;
    if(Gdb.IsOpen())
    {
        CString sql;
        sql.Format(_T("select*from INF_Table where TableName='LIN_Table'"));
        CString str;
        CRecordset rs;
        rs.m_pDatabase= &Gdb;
        if(! rs.Open(CRecordset::dynamic,sql))  //打开查询总表中线图元的记录集
            return RecordsetOpenFailed;
        if(rs.GetRecordCount()!=0)
        {
            rs.GetFieldValue(_T("LNum"),str);        //获取线图元的逻辑数
            * LinLNum=_ttol(str);
            result=Success;
        }
        else
            result=SelectFailed;
        rs.Close();
    }
    else
    {
```

```
            MessageBox(NULL,_T("数据库连接失败！"),_T("错误"),0);
            result=DataBaseIsNotOpen;
        }
        return result;
    }
    long GetRegLNum(int*RegLNum)
    {
        long result;
        if(Gdb.IsOpen())
        {
            CString sql;
            sql.Format(_T("select*from INF_Table where TableName='REG_Table
'"));
            CString str;
            CRecordset rs;
            rs.m_pDatabase=&Gdb;
            if(! rs.Open(CRecordset::dynamic,sql))    //打开查询总表中区图元的记录集
                return RecordsetOpenFailed;
            if(rs.GetRecordCount()!=0)
            {
                rs.GetFieldValue(_T("LNum"),str);     //获取区图元的逻辑数
                *RegLNum=_ttol(str);
                result=Success;
            }
            else
                result=SelectFailed;
            rs.Close();
        }
        else
        {
            MessageBox(NULL,_T("数据库连接失败！"),_T("错误"),0);
            result=DataBaseIsNotOpen;
        }
        return result;
    }
```

（6）添加"更新图元逻辑数"接口，每次只增加或减少 1。

① 添加"更新图元逻辑数"接口声明。打开 DataBaseDLL.h，在里面添加如下代码。

```
    extern "C" _declspec(dllexport) long UpdatePntLNum(long DelNum);
    extern "C" _declspec(dllexport) long UpdateLinLNum(long DelNum);
    extern "C" _declspec(dllexport) long UpdateRegLNum(long DelNum);
```

② 添加"更新图元逻辑数"接口定义。打开 DataBaseDLL.cpp，在里面添加如下代码。

```
long UpdatePntLNum(long DelNum)
{
    long result;
    if(Gdb.IsOpen())
    {
        if(1==DelNum||(-1)==DelNum)
        {
            CString sql;
            sql.Format(_T("update INF_Table set LNum=LNum+%d where TableName=
            'PNT_Table'"),DelNum);
            Gdb.ExecuteSQL(sql);        //执行更新总表中点图元的逻辑数的 SQL 操作
            result=Success;
        }
        else
            result=ParameterError;
    }
    else
    {
        MessageBox(NULL,_T("数据库连接失败!"),_T("错误"),0);
        result=DataBaseIsNotOpen;
    }
    return result;
}
long UpdateLinLNum(long DelNum)
{
    long result;
    if(Gdb.IsOpen())
    {
        if(1==DelNum||(-1)==DelNum)
        {
            CString sql;
            sql.Format(_T("update INF_Table set LNum=LNum+%d where TableName=
            'LIN_Table'"),DelNum);
            Gdb.ExecuteSQL(sql);        //执行更新总表中线图元的逻辑数的 SQL 操作
            result=Success;
        }
        else
            result=ParameterError;
    }
    else
    {
        MessageBox(NULL,_T("数据库连接失败!"),_T("错误"),0);
```

```
        result=DataBaseIsNotOpen;
    }
    return result;
}
long UpdateRegLNum(long DelNum)
{
    long result;
    if(Gdb.IsOpen())
    {
        if(1==DelNum||(-1)==DelNum)
        {
            CString sql;
            sql.Format(_T("update INF_Table set LNum=LNum+%d where TableName='
            REG_Table'"),DelNum);
            Gdb.ExecuteSQL(sql);      //执行更新总表中区图元的逻辑数的 SQL 操作
            result=Success;
        }
        else
            result=ParameterError;
    }
    else
    {
        MessageBox(NULL,_T("数据库连接失败!"),_T("错误"),0);
        result=DataBaseIsNotOpen;
    }
    return result;
}
```

（7）添加"获取图形外包络矩形"接口。

① 添加"获取图形外包络矩形"接口声明。打开 DataBaseDLL. h,在里面添加如下代码。

```
extern "C" _declspec(dllexport) long GetAllPntRect(D_RECT*ptrc);
extern "C" _declspec(dllexport) long GetAllLinRect(D_RECT*ptrc);
extern "C" _declspec(dllexport) long GetAllRegRect(D_RECT*ptrc);
```

② 添加"获取图形外包络矩形"接口定义。打开 DataBaseDLL. cpp,在里面添加如下代码。

```
long GetAllPntRect(D_RECT*ptrc)
{
    long result;
    if(Gdb.IsOpen())
    {
        CString sql;
        sql.Format(_T("select*from INF_Table where TableName='PNT_Table'"));
        CString str;
```

```
CRecordset rs;
rs.m_pDatabase=&Gdb;
if(! rs.Open(CRecordset::dynamic,sql))//打开查询总表中点图元的记录集
    return RecordsetOpenFailed;
if(rs.GetRecordCount()!=0)
{
    rs.GetFieldValue(_T("MaxX"),str);   //获取点图元的 MaxX
    ptrc->max_x=_ttol(str);
    rs.GetFieldValue(_T("MaxY"),str);   //获取点图元的 MaxY
    ptrc->max_y=_ttol(str);
    rs.GetFieldValue(_T("MinX"),str);   //获取点图元的 MinX
    ptrc->min_x=_ttol(str);
    rs.GetFieldValue(_T("MinY"),str);   //获取点图元的 MinY
    ptrc->min_y=_ttol(str);
    result=Success;
}
else
    result=SelectFailed;
rs.Close();
}
else
{
    MessageBox(NULL,_T("数据库连接失败!"),_T("错误"),0);
    result=DataBaseIsNotOpen;
}
return result;
}
long GetAllLinRect(D_RECT*ptrc)
{
    long result;
    if(Gdb.IsOpen())
    {
    CString sql;
    sql.Format(_T("select*from INF_Table where TableName='LIN_Table'"));
    CString str;
    CRecordset rs;
    rs.m_pDatabase=&Gdb;
    if(! rs.Open(CRecordset::dynamic,sql))//打开查询总表中线图元的记录集
        return RecordsetOpenFailed;
    if(rs.GetRecordCount()!=0)
    {
        rs.GetFieldValue(_T("MaxX"),str);   //获取线图元的 MaxX
```

```
            ptrc->max_x=_ttol(str);
            rs.GetFieldValue(_T("MaxY"),str);  //获取线图元的 MaxY
            ptrc->max_y=_ttol(str);
            rs.GetFieldValue(_T("MinX"),str);  //获取线图元的 MinX
            ptrc->min_x=_ttol(str);
            rs.GetFieldValue(_T("MinY"),str);  //获取线图元的 MinY
            ptrc->min_y=_ttol(str);
            result=Success;
        }
        else
            result=SelectFailed;
        rs.Close();
    }
    else
    {
        MessageBox(NULL,_T("数据库连接失败!"),_T("错误"),0);
        result=DataBaseIsNotOpen;
    }
    return result;
}
long GetAllRegRect(D_RECT*ptrc)
{
    long result;
    if(Gdb.IsOpen())
    {
        CString sql;
        sql.Format(_T("select*from INF_Table where TableName='REG_Table'"));
        CString str;
        CRecordset rs;
        rs.m_pDatabase=&Gdb;
        if(!rs.Open(CRecordset::dynamic,sql))  //打开查询总表中区图元的记录集
            return RecordsetOpenFailed;
        if(rs.GetRecordCount()!=0)
        {
            rs.GetFieldValue(_T("MaxX"),str); //获取区图元的 MaxX
            ptrc->max_x=_ttol(str);
            rs.GetFieldValue(_T("MaxY"),str); //获取区图元的 MaxY
            ptrc->max_y=_ttol(str);
            rs.GetFieldValue(_T("MinX"),str); //获取区图元的 MinX
            ptrc->min_x=_ttol(str);
            rs.GetFieldValue(_T("MinY"),str); //获取区图元的 MinY
            ptrc->min_y=_ttol(str);
```

```
        result=Success;
    }
    else
        result=SelectFailed;
    rs.Close();
}
else
{
    MessageBox(NULL,_T("数据库连接失败!"),_T("错误"),0);
    result=DataBaseIsNotOpen;
}
return result;
}
```

(8) 添加"更新图形外包络矩形"接口

① 添加"更新图形外包络矩形"接口声明。打开 DataBaseDLL. h,在里面添加如下代码。

```
extern "C" _declspec(dllexport) long UpdateAllPntRect(D_RECT* rc);
extern "C" _declspec(dllexport) long UpdateAllLinRect(D_RECT* rc);
extern "C" _declspec(dllexport) long UpdateAllRegRect(D_RECT* rc);
```

② 添加"更新图形外包络矩形"接口定义。打开 DataBaseDLL. cpp,在里面添加如下代码。

```
long UpdateAllPntRect(D_RECT* rc)
{
    long result;
    if(Gdb.IsOpen())
    {
        CString sql;
        sql.Format(_T("update INF_Table set MaxX=%d where TableName='PNT_
        Table'"),
        rc->max_x);
        sql.Format(_T("update INF_Table set MaxY=%d where TableName='PNT_
        Table'"),
        rc->max_y);
        sql.Format(_T("update INF_Table set MinX=%d where TableName= 'PNT_
        Table'"),
        rc->min_x);
        sql.Format(_T("update INF_Table set MaxY=%d where TableName= 'PNT_
        Table'"),
        rc->min_y);
        Gdb.ExecuteSQL(sql);//执行更新总表中点图元外包络矩形的 SQL 操作
        result= Success;
    }
```

```
        else
        {
            MessageBox(NULL,_T("数据库连接失败!"),_T("错误"),0);
            result=DataBaseIsNotOpen;
        }
    return result;
}
long UpdateAllLinRect(D_RECT* rc)
{
    long result;
    if(Gdb.IsOpen())
    {
        CString sql;
        sql.Format(_T("update INF_Table set MaxX=%d where TableName='LIN_
        Table'"),
        rc->max_x);
        sql.Format(_T("update INF_Table set MaxY=%d where TableName='LIN_
        Table'"),
        rc->max_y);
        sql.Format(_T("update INF_Table set MinX=%d where TableName='LIN_
        Table'"),
        rc->min_x);
        sql.Format(_T("update INF_Table set MaxY=%d where TableName='LIN_
        Table'"),
        rc->min_y);
        Gdb.ExecuteSQL(sql);    //执行更新总表中线图元外包络矩形的 SQL 操作
        result= Success;
    }
    else
    {
        MessageBox(NULL,_T("数据库连接失败!"),_T("错误"),0);
        result= DataBaseIsNotOpen;
    }
    return result;
}
long UpdateAllRegRect(D_RECT* rc)
{
    long result;
    if(Gdb.IsOpen())
    {
        CString sql;
        sql.Format(_T("update INF_Table set MaxX=%d where TableName='REG_
```

```
        Table'"),
        rc->max_x);
        sql.Format(_T("update INF_Table set MaxY=%d where TableName='REG_
        Table'"),
        rc->max_y);
        sql.Format(_T("update INF_Table set MinX=%d where TableName='REG_
        Table'"),
        rc->min_x);
        sql.Format(_T("update INF_Table set MaxY=%d where TableName='REG_
        Table'"),
        rc->min_y);
        Gdb.ExecuteSQL(sql);    //执行更新总表中区图元外包络矩形的 SQL 操作
        result= Success;
    }
    else
    {
        MessageBox(NULL,_T("数据库连接失败!"),_T("错误"),0);
        result= DataBaseIsNotOpen;
    }
    return result;
}
```

练习 6：实现"添加点"接口

1. 练习内容（反复练习下列内容，达到练习目标）

（1）阅读该练习中的源程序，理解实现"添加点"接口函数的思想和方法。

（2）独立编写实现"添加点"接口的代码。

（3）练习编写向表中添加一条新的点记录的 SQL 脚本语句。

（4）深入了解 CString 类，巩固其成员函数 Format 的用法。

（5）深入了解 CRecordset 类，巩固其成员函数 Open 和 GetFieldValue 的用法。

2. 练习目标（练习结束时请在达到的目标前加"√"）

（1）掌握"添加点"接口函数的实现过程和方法，能够独立编写相关代码。

（2）掌握往表中添加记录的方法。

（3）掌握从总表中获取和更新 MaxID 的方法。

（4）掌握从总表中获取和更新图形的外包络矩形的方法。

（5）掌握 CRecordset 类的 Open 函数和 GetFieldValue 函数的用法。

3. 接口说明

"添加点"接口的作用是将客户区绘制的点图元的数据信息添加到点数据表中。通过封装 SQL 语句，屏蔽数据库表格操作细节，向上提供与数据库表格无关的抽象的接口函数。后续练习中大量的接口函数实现都基于这样的层次设计，体现了"封装"的思想。

【函数原型】long AddPnt(PNT_STRU pnt)。

【参数说明】pnt 表示在客户区中绘制的点图元的数据信息。

【实现过程】"添加点"接口的实现流程如下。

（1）在 PNT_Table 中添加一条新的点数据的记录。

（2）从总表 INT_Table 中获取点图形的外包络矩形。

（3）判断新添加的点是否在点图形的外包络矩形外，若是则扩大点图形的外包络矩形并更新 INT_Table 中点图形对应的 MinX、MinY、MaxX、MaxY 字段。

（4）获取 PNT_Table 中的最大 ID，并更新 INT_Table 中的 MaxID 字段。

为了实现以上流程，还需添加如下函数。

（1）添加获取 PNT_Table 中最大 ID 的函数 GetMaxIDFromPntTable（long * maxID）。

（2）添加合并外包络矩形的函数 MergeExternalRect（D_RECT rect1，D_RECT rect2）。

4. 上机指南

（1）启动 Visual Studio 2010，在练习 5 的基础上进行如下练习。

（2）添加点结构的结构定义。在 MyDataType.h 的宏定义中添加如下代码。

```
typedef struct Point{
    BYTE          isDel;        //是否被删除
    COLORREF      color;        //点颜色
    int           pattern;      //点图案号
    double        x;            //点位坐标 x
    double        y;            //点位坐标 y
}PNT_STRU;
```

（3）添加获取 PNT_Table 中最大 ID 的函数。

① 在 DataBaseDLL.h 中添加如下函数声明。

```
long GetMaxIDFromPntTable(long*MaxID);   //获取点最大 ID
```

② 在 DataBaseDLL.cpp 中添加如下函数定义。

```
long GetMaxIDFromPntTable(long*MaxID)
{
    long result;
    if(Gdb.IsOpen())
    {
        CString sql,str;
        sql.Format(_T("select ID=MAX(ID) from PNT_Table"));
        CRecordset rs;
        rs.m_pDatabase=&Gdb;
        if(! rs.Open(CRecordset::dynamic,sql))   //打开查询点表中最大 ID 的记录
            return RecordsetOpenFailed;
        if(rs.GetRecordCount()!=0)
```

```
        {
            rs.GetFieldValue(_T("ID"),str);        //获取点表中最大 ID
            *MaxID=_ttol(str);
            result=Success;
        }
        else
            result=SelectFailed;
        rs.Close();
    }
    else
    {
        MessageBox(NULL,_T("数据库连接失败!"),_T("错误"),0);
        result=DataBaseIsNotOpen;
    }
    return result;
}
```

（4）添加合并外包络矩形的函数。

① 在 DataBaseDLL.h 中添加如下函数声明。

```
D_RECT MergeExternalRect(D_RECT Rect1,D_RECT Rect2);   //合并外包络矩形
```

② 在 DataBaseDLL.cpp 中添加如下函数定义。

```
D_RECT MergeExternalRect(D_RECT rect1,D_RECT rect2)
{
    D_RECT rect;
    if(rect1.min_x==0&&rect1.min_y==0&&rect1.max_x==0&&rect1.min_y==0)
        rect=rect2;   //如果 rect1 还是初始值,则取 rect2
    else if(rect2.min_x==0&&rect2.min_y==0&&rect2.max_x==0&&rect2.min_y==0)
        rect=rect1;   //如果 rect2 还是初始值,则取 rect1
    else
    {   //否则取包含 rect1 与 rect2 的最大范围
        rect.min_x=min(rect1.min_x,rect2.min_x);
        rect.min_y=min(rect1.min_y,rect2.min_y);
        rect.max_x=max(rect1.max_x,rect2.max_x);
        rect.max_y=max(rect1.max_y,rect2.max_y);
    }
    return rect;
}
```

（5）添加"添加点"接口。

① 在 DataBaseDLL.h 中添加如下函数声明。

```
extern "C" _declspec(dllexport) long AddPnt(PNT_STRU Pnt);   //添加点
```

② 在 DataBaseDLL.cpp 中添加如下函数定义。

```
long AddPnt(PNT_STRU Pnt)
{
    long result;
    if(Gdb.IsOpen())
    {
        CString sql;
        sql.Format(_T("insert into PNT_Table (X,Y,Pattern,Color,IsDel)
        values(%lf,%lf,%d,%ld,%d)"),Pnt.x,Pnt.y,Pnt.pattern,Pnt.color,
        Pnt.isDel);
        Gdb.ExecuteSQL(sql);    //执行往点表插入一个点的 SQL 操作
        D_RECT PntRect={Pnt.x,Pnt.y,Pnt.x,Pnt.y};
        D_RECT* ptrc=(D_RECT* )malloc(sizeof(D_RECT));
        result=GetAllPntRect(ptrc);    //获取点的外包络矩形
        D_RECT Rect=MergeExternalRect(* ptrc,PntRect);    //合并点的外包络
        矩形
        free(ptrc);
        result=UpdatePntLNum(1);    //更新总表中点图元的逻辑数
        result=UpdateAllPntRect(&Rect);    //更新总表中点图元的外包络矩形
        long MaxID;
        result=GetMaxIDFromPntTable(&MaxID);    //获取点表中点图元的最大 ID
        result=UpdatePntMaxID(MaxID);    //更新总表中点图元的最大 ID
    }
    else
    {
        MessageBox(NULL,_T("数据库连接失败！"),_T("错误"),0);
        result=DataBaseIsNotOpen;
    }
    return result;
}
```

练习 7：创建图形编辑系统应用工程

1. 练习内容（反复练习下列内容，达到练习目标）

（1）练习在 Visual Sudio 2010 中创建新的 MFC 应用程序项目的基本过程。

（2）练习集成开发环境中资源视图、类视图、解决方案资源管理器等部分的用法。

（3）查阅资料，理解"应用程序"与"动态链接库"的区别，学习应用程序的编译和执行方法。

（4）练习菜单和按钮的编辑方法（包括添加、修改、删除）。

（5）添加完成本书所有基本功能的菜单和按钮。

2. 练习目标（练习结束时请在达到的目标前加"√"）

（1）掌握在 Visual Studio 2010 中创建新项目或解决方案的过程。

（2）理解创建新项目过程中各步骤选择项的含义和作用。

（3）掌握 Visual Studio 2010 集成开发环境中资源视图、类视图、解决方案资源管理器的使用方法。

（4）理解应用程序与动态链接库的区别。

（5）掌握删除、添加和修改菜单项的方法。

3. 上机指南

（1）启动 Visual Studio 2010，打开 MapEditor 解决方案。

（2）创建一个新的项目。

① 执行"File（文件）"→"New（新建）"→"Project（项目）"命令，弹出如图 3.18 所示的新建项目初始对话框。

图 3.18　新建 MFC 应用程序项目

② 在对话框左侧"已安装的模板"中选择 Visual C++下的 MFC。

③ 在对话框中间选择"MFC 应用程序"。

④ 在对话框下侧"名称"后面输入项目名称 MapEditor。单击"解决方案"后面的下拉列表，选择"添加到解决方案"。

⑤ 单击"确定"按钮，进入"MFC 应用程序向导"的欢迎页面，如图 3.19 所示。以下过程与基础篇中的练习相同，如果已掌握，可快速通过。

⑥ 单击"下一步"按钮，向导进入"应用程序类型"页面，并选中"单个文档"单选按钮如图 3.20 所示。

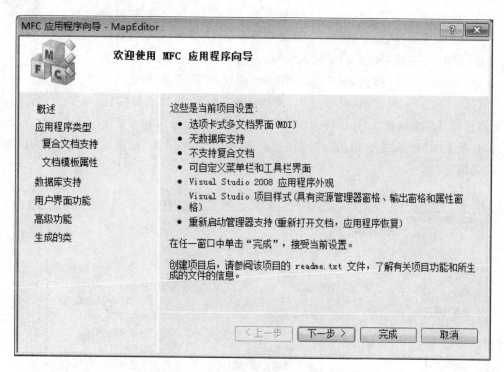

图 3.19　MFC 应用程序向导的欢迎页面

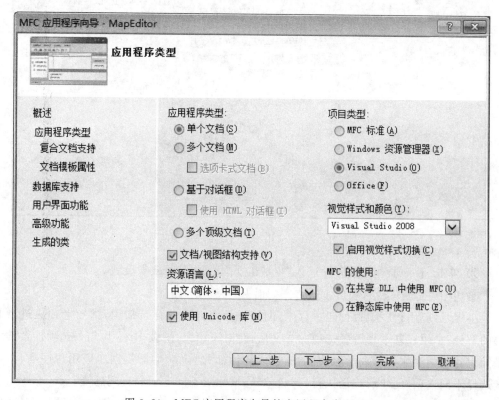

图 3.20　MFC 应用程序向导的应用程序类型页面

⑦ 单击"下一步"按钮,向导进入"复合文档支持"页面,保留缺省设置。

⑧ 单击"下一步"按钮,向导进入"文档模板属性"页面,保留缺省设置。

⑨ 单击"下一步"按钮,向导进入"数据库支持"页面,保留缺省设置。

⑩ 单击"下一步"按钮,向导进入"用户界面功能"页面,保留缺省设置。

⑪ 单击"下一步"按钮,向导进入"高级功能"页面,去掉右侧"高级框架窗格:"中的"资源管理器停靠窗格"、"输出停靠窗格"和"属性停靠窗格",如图 3.21 所示。注意观察去掉选项上的"√"时左上角图标的变化。取消选中"高级功能"选项区的"打印和打印预览复选框"。

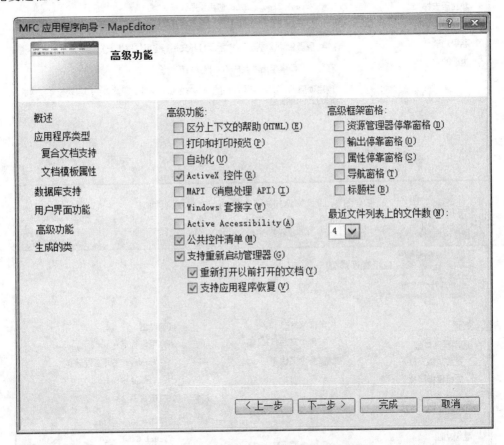

图 3.21　MFC 应用程序向导的高级功能页面

⑫ 单击"下一步"按钮,向导进入"生成的类"页面,保留缺省设置。

⑬ 单击"完成"按钮,生成解决方案,如图 3.22 所示。

　　小提示:应用程序项目创建过程中,向导涉及多方面的背景知识,指导老师应进行必要的解释;学生在基本理解各选项的含义后,暂时不深究,继续本练习,相关选项涉及的背景知识建议学生作为课余学习的抓手,扩大知识面;建议学生反复创建应用程序项目,每次选择不同选项,创建后编译执行,比较差异,增强对不同选项的直观感受。

　　(3) 设置启动项目。右击"解决方案资源管理器"窗口中的 MapEditor 项目,在弹出

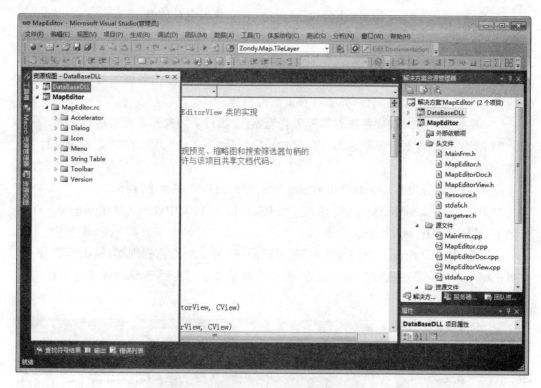

图 3.22 MapEditor 应用程序解决方案

的菜单中选择"设为启动项目"。这时会发现 MapEditor 的项目名称变为粗体。

（4）执行"生成"→"生成解决方案"命令（也可直接按 F7 键），进行编译和连接，生成可执行程序。注意观察屏幕下方输出窗口中的显示信息。

（5）执行"调试"→"开始执行（不调试）"命令（也可直接按 Ctrl＋F5 键），启动程序，如图 3.23 所示。执行下列操作并观察运行结果。

① 单击主菜单，观察鼠标在二级菜单上移动时窗口下边的提示信息。

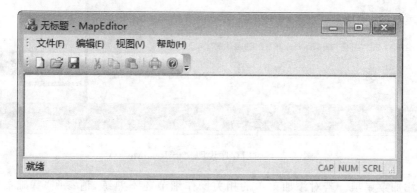

图 3.23 MapEditor 应用程序初始界面

② 单击各菜单项，观察其功能。

③ 单击"帮助"→"关于 MapEditor"菜单项,观察弹出的对话框。

(6) 观察图 3.22 左侧"资源视图"。如果没有"资源视图"窗口,执行"视图"→"其他窗口"→"资源视图"命令。单击"＋"号展开各资源项,在 Dialog 下找到"关于"对话框资源、在 Menu 下找到菜单资源、在 Toolbar 下找到工具条资源,双击各资源 ID,观察屏幕中间的资源编辑器和右侧的属性,熟悉各种资源的内容。

(7) 观察图 3.22 右侧"解决方案资源管理器"。执行下列操作并观察运行结果。

① 熟悉"解决方案资源管理器"内容结构,特别是"头文件"、"源文件"、"资源文件"这三部分。

② 双击资源管理器最下面列出的 ReadMe.txt 文件,如图 3.24 所示。

③ 认真阅读 ReadMe.txt 文档,找到文档中提到的文件,其中资源文件在 MapEditor\res 目录下,其他文件在 MapEditor 目录下。

小提示:Visual Studio 中的资源视图、类试图、解决方案资源管理器、输出等部分,用户可根据个人喜好灵活拖动到不同地方,但作为初学者在完全熟悉编程环境之前建议不要拖动各部分。

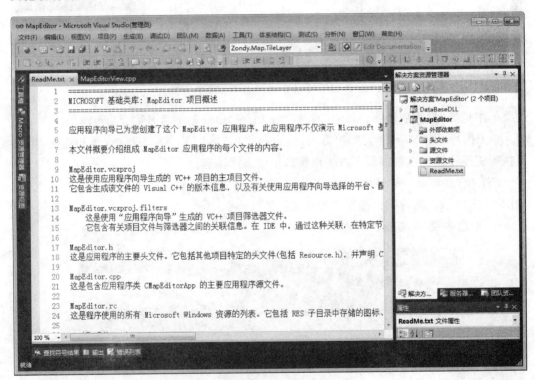

图 3.24　应用程序说明文档 ReadMe.txt

(8) 添加菜单项。若对添加菜单的相关操作细节还不熟练,请参照"基础篇"中的练习 3,或者参阅 Visual Studio 2010 帮助文档。

① 删除原有菜单项。在资源视图窗口中打开 MapEditor 项目的 IDR_MAINFRAME,将"文件"菜单项后的所有主菜单删除,将"文件"菜单项下的所有子菜单

项删除。

②添加主菜单项。在"文件"菜单项后依次添加"计算"、"点编辑"、"线编辑"、"区编辑"的主菜单项。

③添加"文件"菜单项下的子菜单项。在"文件"菜单项下添加如表 3.1 所示的子菜单项。

表 3.1

子菜单	ID
连接数据库	ID_FILE_CONNECT_DB
初始化图形数据库	ID_FILE_INITIALIZE
断开数据库	ID_FILE_CLOSE_DB

④添加"计算"菜单项下的子菜单项。在"计算"菜单项下添加如表 3.2 所示的子菜单项。

表 3.2

子菜单	ID
外包络矩形	ID_CALCULATE_EXTERNAL_RECT

⑤添加"点编辑"菜单项下的子菜单项。在"点编辑"菜单项下添加如表 3.3 所示的子菜单项。

表 3.3

子菜单	ID
造点	ID_POINT_CREATE
移动点	ID_POINT_MOVE
删除点	ID_POINT_DELETE

⑥添加"线编辑"菜单项下的子菜单项。在"线编辑"菜单项下添加如表 3.4 所示的子菜单项。

表 3.4

子菜单	ID
造线	ID_LINE_CREATE
移动线	ID_LINE_MOVE
删除线	ID_LINE_DELETE

⑦添加"区编辑"菜单项下的子菜单项。在"区编辑"菜单项下添加如表 3.5 所示的子菜单项。

表 3.5

子菜单	ID
造区	ID_REGION_CREATE
移动区	ID_REGION_MOVE
删除区	ID_REGION_DELETE

（9）为所有菜单项添加事件处理程序，函数名称如表 3.6 所示。若对添加菜单命令处理函数的相关操作细节还不熟练，请参照"基础篇"中的练习 3，或者参阅 Visual Studio 2010 帮助文档。

表 3.6

菜单	菜单命令处理函数名称
连接数据库	OnFileConnectDb()
初始化图形数据库	OnFileInitialize()
断开数据库	OnFileCloseDb()
外包络矩形	OnCalculateExternalRect()
造点	OnPointCreate()
移动点	OnPointMove()
删除点	OnPointDelete()
造线	OnLineCreate()
移动线	OnLineMove()
删除线	OnLineDelete()
造区	OnRegionCreate()
移动区	OnRegionMove()
删除区	OnRegionDelete()

练习 8：完成"连接数据库"和"断开数据库"功能

从该练习开始，所有功能的实现都是往 MapEditor 应用程序工程中添加相关的代码。

1. 练习内容（反复练习下列内容，达到练习目标）

（1）复习找到、打开、编辑头文件（. h 文件）和源文件（. cpp 文件）的方法。

（2）学习防止头文件被重复包含的方法。

（3）学习动态加载动态链接库，并获取函数地址的方法。

（4）学习调用动态链接库中接口函数的方法。

（5）查阅资料，理解动态链接、静态链接的概念和动态链接库与静态链接库的区别。

2. 练习目标（练习结束时请在达到的目标前加"√"）

（1）理解动态链接库和静态链接库的区别和作用。

（2）掌握动态链接库中接口函数的调用方法。

（3）掌握改造菜单消息处理函数的改造方法。

3. 操作说明及要求

（1）"连接数据库"和"断开数据库"菜单功能实现应用程序与数据库服务器的连接和断开。

（2）当用户单击"文件"→"连接数据库"菜单项时，应用程序连接数据库并获取点、线、区的逻辑数。

（3）当用户单击"文件"→"断开数据库"菜单项时，应用程序断开数据库的连接。

4. 实现过程说明

实现"连接数据库"和"断开数据库"功能需要修改两个菜单项的事件处理程序。

（1）修改"文件"→"连接数据库"菜单项的事件处理程序 OnFileConnectDb()，添加连接数据库和获取点、线、区逻辑数的代码。

（2）修改"文件"→"断开数据库"菜单项的事件处理程序 OnFileCloseDb()，添加断开数据库连接的代码。

为了实现上述过程还需要做以下准备工作。

（1）编写调用"连接数据库"接口的函数 Load_DBDll_OpenDataBase()。

（2）编写调用"断开数据库"接口的函数 Load_DBDll_CloseDataBase()。

（3）编写调用"获取点的逻辑数"接口的函数 Load_DBDll_GetPntLNum(int * PntLNum)。

（4）编写调用"获取线的逻辑数"接口的函数 Load_DBDll_GetLinLNum(int * LinLNum)。

（5）编写调用"获取区的逻辑数"接口的函数 Load_DBDll_GetRegLNum(int * RegLNum)。

5. 上机指南

（1）启动 Visual Studio 2010，在练习 7 的基础上进行操作。

（2）添加文件。

① 添加文件。在 MapEditor 项目中新建头文件 LoadDll. h 和源文件 LoadDll. cpp。

② 为防止头文件被重复包含，在 LoadDll. h 中添加如下宏定义。

```
#ifndef LOADDLL_H
#define LOADDLL_H
//其他语句添加到此处
#endif
```

（3）包含头文件。

① 在 LoadDll. cpp 中包含头文件 stdafx. h 和 LoadDll. h。

② 在 LoadDll. h 中包含 DataBaseDLL 项目的头文件 MyDataType. h，语句为 #include "..\DataBaseDLL\MyDataType. h"。

③ 在 MapEditorView. cpp 中包含头文件 LoadDll. h。

(4) 添加全局变量。

① 在 LoadDll. cpp 中添加全局变量 HINSTANCE GhDll。

② 在 MapEditorView. cpp 中添加如下全局变量。

```
bool    GOpenDataBase= false;    //数据库是否连接
int     GPntLNum= 0;             //点的逻辑数
int     GLinLNum= 0;             //线的逻辑数
int     GRegLNum= 0;             //区的逻辑数
```

(5) 添加调用"数据库连接"接口的函数。

① 在 LoadDll. h 中添加如下函数声明。

```
long Load_DBDll_OpenDataBase();
```

② 在 LoadDll. cpp 中添加如下函数实现。

```
long Load_DBDll_OpenDataBase()
{
    typedef long (*lpFun)();
    GhDll=LoadLibrary(_T("DataBaseDLL.dll"));    //加载 DLL,返回句柄
    if (NULL==GhDll)
        return LoadLibraryFailed;
    lpFun OpenDataBase=(lpFun)GetProcAddress(GhDll,"OpenDataBase");
    if (NULL==OpenDataBase)
        return GetProcAddressFailed;
    return OpenDataBase();
}
```

(6) 添加调用"断开数据库"接口的函数。

① 在 LoadDll. h 中添加如下函数声明。

```
long Load_DBDll_CloseDataBase();
```

② 在 LoadDll. cpp 中添加如下函数实现。

```
long Load_DBDll_CloseDataBase()
{
    typedef void (*lpFun)();
    lpFun CloseDataBase= (lpFun)GetProcAddress(GhDll,"CloseDataBase");
    if (NULL==CloseDataBase)
        return GetProcAddressFailed;
    CloseDataBase();
    FreeLibrary(GhDll);    //释放 OpenDataBase 加载的 DLL
    returnSuccess;
}
```

(7) 添加调用"获取点的逻辑数"接口的函数。

① 在 LoadDll. h 中添加如下函数声明。

```
long Load_DBDll_GetPntLNum(int* PntLNum);
```

② 在 LoadDll.cpp 中添加如下函数实现。

```
long Load_DBDll_GetPntLNum(int* PntLNum)
{
    typedef long (*lpFun)(int*);
    lpFun GetPntLNum=(lpFun)GetProcAddress(GhDll,"GetPntLNum");
    if(NULL==GetPntLNum)
        return  GetProcAddressFailed;
    return GetPntLNum(PntLNum);
}
```

（8）仿照第（7）步添加调用"获取线的逻辑数"接口的函数和调用"获取区的逻辑数"接口的函数（具体代码略）。

```
long Load_DBDll_GetLinLNum(int* LinLNum);
long Load_DBDll_GetRegLNum(int* RegLNum);
```

（9）修改应用程序工程 MapEditor 中"文件"→"连接数据库"菜单项的事件处理程序，在 OnFileConnectDb() 函数中添加如下代码。

```
if(! GOpenDataBase)
{
    if(Load_DBDll_OpenDataBase()==Success)   //调用连接数据库接口
        GOpenDataBase= true;
    else
        GOpenDataBase= false;
    Load_DBDll_GetPntLNum(&GPntLNum);   //调用获取点逻辑数接口
    Load_DBDll_GetLinLNum(&GLinLNum);   //调用获取线逻辑数接口
    Load_DBDll_GetRegLNum(&GRegLNum);   //调用获取区逻辑数接口
    Invalidate();   //使视窗口失效,触发 Windows 重绘视窗口
}
```

（10）同第（9）步，修改"文件"→"断开数据库"菜单项的事件处理程序，在 OnFileCloseDb() 函数中添加如下代码。

```
if(GOpenDataBase)
{
    GOpenDataBase=! Load_DBDll_CloseDataBase();   //调用断开数据库连接接口
    Invalidate();
}
```

（11）完善程序退出。为了防止未断开数据库就直接退出程序而导致的内存泄露，为 CMapEditorView 类添加消息响应函数 OnDestroy()，在 OnDestroy() 中调用"断开数据库"菜单项的事件处理程序。添加消息响应函数的方法请参考"基础篇"的练习 5。

（12）右击解决方案下的 MapEditor 项目，选择"设为启动项"菜单。单击"生成"菜单下的"重新生成解决方案"菜单项，再单击"调试"菜单下的"启动调试"菜单项，查看运行结

果。若对调试方法还不熟练,请参照"基础篇"中的练习 2 加强练习,或者参阅 Visual Studio 2010 帮助文档。

练习 9:完成"初始化图形数据库"功能

1. 练习内容(反复练习下列内容,达到练习目标)

(1) 理解一个应用系统初始化的作用。

(2) 巩固动态库中接口函数的调用方法。

2. 练习目标(练习结束时请在达到的目标前加"√")

(1) 掌握初始化图形库功能的实现方法。

(2) 掌握动态库接口函数调研方法。

(3) 掌握应用程序菜单消息处理程序的改造方法。

3. 操作过程及要求

在连接数据库的情况下,单击"文件"→"初始化图形数据库"菜单项,清空数据库中的所有记录并将总表和点、线、区表设置到初始化状态。

4. 实现过程说明

修改应用程序工程 MapEditor 中"文件"→"初始化图形数据库"菜单项的事件处理程序 OnFileInitialize(),实现以下流程。

(1) 调用动态库中"初始化图形数据库"的接口函数。

(2) 重绘窗口。

为了实现上述流程,需要另外编写调用"初始化图形数据库"接口的函数 Load_DBDll_InitTable()。

5. 上机指南

(1) 启动 Visual Studio 2010,在练习 8 的基础上进行操作。

(2) 添加调用"初始化图形数据库"接口的函数。

① 在 LoadDll. h 中添加如下函数声明。

```
long Load_DBDll_InitTable();
```

② 在 LoadDll.cpp 中添加如下函数实现。

```
long Load_DBDll_InitTable()
{
    typedef long (*lpFun)(void);
    lpFun InitTableFun=(lpFun)GetProcAddress(GhDll,"InitTable");
    if(InitTableFun==NULL)
        return GetProcAddressFailed;
    return InitTableFun();
}
```

(3) 修改应用程序工程 MapEditor 中"文件"→"初始化图形数据库"菜单项的事件处

理程序,在 OnFileInitialize()函数中添加如下代码。

```
if(Load_DBDll_InitTable()==Success)
{
    Invalidate();
    MessageBox(_T("初始化图形数据库成功!"),_T("提示"),MB_OK);
}
else
    MessageBox(_T("初始化图形数据库失败!"),_T("提示"),MB_OK);
```

练习10:完成"造点"功能

1. 练习内容(反复练习下列内容,达到练习目标)

(1)练习屏幕鼠标打点、填充等绘图函数。

(2)练习在内存中保存新的"点坐标"。

(3)练习枚举型数据结构的使用。

(4)练习异或模式下图形绘制方法。

(5)练习添加鼠标弹起消息响应函数的方法。

2. 练习目标(练习结束时请在达到的目标前加"√")

(1)掌握 memcpy_s 函数的使用。

(2)熟练掌握异或模式画图的技巧。

(3)掌握枚举型变量的定义方法。

(4)掌握给结构化变量赋初值的方法。

(5)理解鼠标消息响应函数和菜单消息响应函数之间的关系,掌握添加鼠标弹起消息响应方法。

3. 操作说明及要求

添加点功能实现用户单击"点编辑"→"造点"菜单项,然后在客户区内单击时,在鼠标左键弹起的位置绘制一个点,并且将点数据存入数据库。

4. 实现过程说明

实现此过程需要添加并修改一个鼠标左键弹起消息响应函数,修改一个菜单消息响应函数。

(1)添加并修改鼠标左键弹起消息响应函数 OnLButtonUp(),在其中添加针对造点的响应代码,实现在鼠标弹起的位置绘制点并且将数据存入数据库。

(2)修改"点编辑"→"造点"菜单响应函数 OnPointCreate(),在其中修改操作状态。

为了实现上述过程还需要做以下准备。

(1)编写调用"添加点"接口的函数 Load_DBDll_AddPnt()。

(2)编写绘制点的函数 DrawPnt()。

5. 上机指南

(1)启动 Visual Studio 2010,在练习9的成果下进行操作。

（2）添加文件。

① 添加文件。在 MapEditor 项目中新建头文件 Paint.h 和 Paint.cpp。

② 防止头文件被重复包含。在 Paint.h 中添加如下宏定义。

```
#ifndefPAINT_H
#definePAINT_H
//其他语句添加到此处
#endif
```

（3）包含头文件。

① 在 Paint.cpp 中包含头文件 stdafx.h 和 Paint.h。

② 在 Paint.h 中包含 DataBaseDLL 项目的头文件 MyDataType.h。

③ 在 MapEditorView.cpp 中包含头文件 Paint.h。

（4）添加全局变量。在 MapEditorView.cpp 中添加如下全局变量。

```
enum Action{Noaction,
    OPERSTATE_INPUT_PNT,OPERSTATE_DELETE_PNT,OPERSTATE_MOVE_PNT,
    OPERSTATE_INPUT_LIN,OPERSTATE_DELETE_LIN,OPERSTATE_MOVE_LIN,
    OPERSTATE_INPUT_REG,OPERSTATE_DELETE_REG,OPERSTATE_MOVE_REG};
Action Gtype;
PNT_STRU GPnt={GPnt.isDel=0,GPnt.color=RGB(0,0,0),GPnt.pattern=0}; //默
认点参数
```

（5）添加调用"添加点"接口的函数。

① 在 LoadDll.h 文件中添加如下函数声明。

```
long Load_DBDll_AddPnt(PNT_STRU Pnt);
```

② 在 LoadDll.cpp 文件中添加如下函数定义。

```
long Load_DBDll_AddPnt(PNT_STRU Pnt)
{
    typedef long (*lpFun)(PNT_STRU);
    lpFun AddPnt=(lpFun)GetProcAddress(GhDll,"AddPnt");
    if(NULL==AddPnt)
        return GetProcAddressFailed;
    return AddPnt(Pnt);
}
```

（6）添加绘制点的函数。

① 在 Paint.h 的宏定义中添加 DrawPnt()函数的声明。

```
void DrawPnt(CClientDC* dc, PNT_STRU pnt);   //画点
```

② 在 Paint.cpp 中添加 DrawPnt()函数的定义。

```
void DrawPnt(CClientDC* dc, PNT_STRU pnt)
{
    CPen pen(PS_SOLID, 1, pnt.color);
    CPen* oldPen=dc->SelectObject(&pen);
```

```
        switch(pnt.pattern)
        {
            case 0:   //十字形
                dc->MoveTo((long)pnt.x-4, (long)pnt.y);
                dc->LineTo((long)pnt.x+4,(long)pnt.y);
                dc->MoveTo((long)pnt.x, (long)pnt.y-4);
                dc->LineTo((long)pnt.x, (long)pnt.y+4);
                break;
            case 1:
                break;
            case 2:
                break;
            default:
                break;
            }
            dc->SelectObject(oldPen);
        }
```

(7) 修改"点编辑"→"造点"菜单项的事件处理程序,在 OnPointCreate() 函数中添加如下代码。

```
        if(GOpenDataBase)
        Gtype= OPERSTATE_INPUT_PNT;   //设置"造点"操作状态
```

(8) 添加鼠标左键弹起的消息响应函数。为 CMapEditorView 类添加鼠标左键弹起的消息响应函数 OnLButtonUp(),在 OnLButtonUp()中添加如下代码。

```
        CClientDC dc(this);
        dc.SetROP2(R2_NOTXORPEN);
        switch(Gtype)
        {
            case OPERSTATE_INPUT_PNT:     //造点
                PNT_STRU pnt;
                memcpy_s(&pnt,sizeof(PNT_STRU),&GPnt,sizeof(PNT_STRU));
                pnt.x=point.x;
                pnt.y=point.y;
                DrawPnt(&dc, pnt);          //绘制点
                GPntLNum++;                 //点图元的逻辑数加 1
                Load_DBDll_AddPnt(pnt);    //调用添加点接口,将点存入数据库表中
            break;
        }
```

(9) 单击"生成"菜单下的"重新生成解决方案"菜单项,再单击"调试"菜单下的"启动调试"菜单项,查看运行结果。注意,初次运行程序,需要先连接数据库,并初始化图形数

据库后才进行"造点"操作,确保数据库总表(INF_Table)中有初始记录。"造点"功能的实现效果如图 3.25 所示。

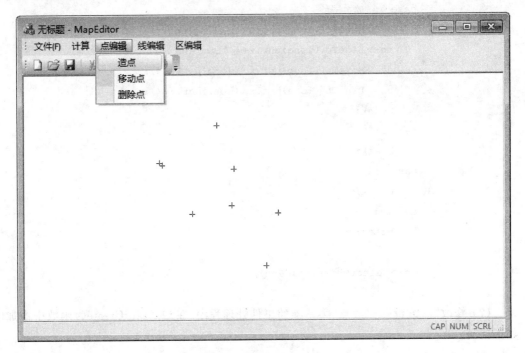

图 3.25 "造点"功能的实现效果

练习 11:实现"查找点"接口

1. 练习内容(反复练习下列内容,达到练习目标)

(1)复习 CRecordset 类的常用函数。

(2)复习常用的数据类型转换函数。

(3)学习 CRecordset 类中 Open 函数的使用方法。

2. 练习目标(练习结束时请在达到的目标前加"√")

(1)掌握 CString 类 Format 函数的使用方法。

(2)掌握 CRecordset 类 Open 函数的功能和使用方法。

(3)掌握通过参数返回值的方法。

3. 接口说明

"查找点"接口的作用是在点数据表中查找指定 ID 的记录,若找到则返回点数据。

【函数原型】long GetPnt(long ID,PNT_STRU * pnt)。

【参数说明】ID 为输入的需要查询的点的 ID 号;pnt 为用于返回点数据的结构变量地址。

【实现过程】(1)判断是否已连接数据库,如果没有连接,则返回 DataBaseIsNotOpen。

（2）如果已经连接，则执行查询语句，打开记录集，如果打开数据集不成功则返回
RecordsetOpenFailed。

（3）如果打开数据集成功，则判断记录集中是否有数据，如果有数据，则将查询到的
数据赋值给返回的参数。

4. 上机指南

（1）启动 Visual Studio 2010，在练习 10 的基础上进行练习。

（2）添加"查找点"接口函数。

① 打开 DataBaseDLL 项目中的 DataBaseDLL.h，添加如下函数声明。

```
extern "C" _declspec(dllexport) long GetPnt(long ID,PNT_STRU* pnt);   //查找点
```

② 在 DataBaseDLL.cpp 后面添加如下函数定义。

```
long GetPnt(long ID,PNT_STRU*pnt)
{
  long result;
  if(Gdb.IsOpen())
  {
    CString sql;
    sql.Format(_T("select* from PNT_Table where ID=%d"),ID);
    CRecordset rs;
    rs.m_pDatabase=&Gdb;
    if(! rs.Open(CRecordset::dynamic,sql))   //打开查询点表中指定 ID 的记录
        return RecordsetOpenFailed;
    if(rs.GetRecordCount()!=0)
    {//获取指定 ID 记录中各个字段的值,返回点数据
        CString str;
        rs.GetFieldValue(_T("X"),str);
        pnt->x=_ttof(str);
        rs.GetFieldValue(_T("Y"),str);
        pnt->y=_ttof(str);
        rs.GetFieldValue(_T("Pattern"),str);
        pnt->pattern=_ttoi(str);
        rs.GetFieldValue(_T("Color"),str);
        pnt->color=_ttol(str);
        rs.GetFieldValue(_T("IsDel"),str);
        pnt->isDel=_ttoi(str);
        result=Success;
    }
    else
        result=SelectFailed;
    rs.Close();
```

```
    }
    else
    {
        MessageBox(NULL,_T("数据库连接失败!"),_T("错误"),0);
        result=DataBaseIsNotOpen;
    }
    return result;
}
```

（3）编译代码。

练习 12：实现"删除点"接口

1. 练习内容（反复练习下列内容，达到练习目标）

（1）学习和理解 CDatabase 类的 ExecuteSQL 函数。

（2）巩固 ExecuteSQL 函数执行 SQL 语句的过程。

2. 练习目标（练习结束时请在达到的目标前加"√"）

（1）熟练掌握更新数据表中一条记录的语句。

（2）熟练掌握 ExecuteSQL 函数执行 SQL 语句的过程。

3. 接口说明

"删除点"接口的作用是修改指定 ID 的点记录的删除标记，实现伪删除，即"删除点"接口函数并不真正删除点数据记录，只是设置了删除标记，这就使得被"删除"的点依然可以恢复，读者可以在后面的强化练习中尝试实现响应的接口和功能。

【函数原型】long DeletePnt(long ID)。

【参数说明】ID 为输入的指定要删除的点 ID 号。

【实现过程】（1）判断是否连接数据库，如果没有连接则返回 DataBaseIsNotOpen。

（2）如果已经连接数据库，则执行更新"删除标记"语句，修改总表中点的逻辑数目。

（3）如果操作成功，则返回 Success。

4. 上机指南

（1）启动 Visual Studio 2010，在练习 11 的基础上进行练习。

（2）添加"删除点"接口函数。

① 打开 DataBaseDLL 项目中的 DataBaseDLL.h，添加如下函数声明。

```
    extern "C" _declspec(dllexport) long DeletePnt(long ID);  //删除点
```

② 打开 DataBaseDLL 项目中的 DataBaseDLL.cpp，添加如下函数定义。

```
    long DeletePnt(long ID)
    {
        long result;
        if(Gdb.IsOpen())
        {
```

```
        CString sql;
        sql.Format(_T("UPDATE PNT_Table SET IsDel= 1 where ID=%d"),ID);
        Gdb.ExecuteSQL(sql);    //执行修改点表指定 ID 记录删除标记的 SQL 操作
        result=UpdatePntLNum(-1);    //总表中点逻辑数减 1
    }
    else
    {
        MessageBox(NULL,_T("数据库连接失败!"),_T("错误"),0);
        result=DataBaseIsNotOpen;
    }
    return result;
}
```

（3）编译代码。

练习 13：实现"删除点"功能

1. 练习内容（反复练习下列内容，达到练习目标）

（1）编写(a)求两点间距离的函数和(b)查找离鼠标最近点的函数，巩固函数定义和调用方法。

（2）学习屏幕上消除点的方法（重绘法、异或消除法），并根据这两种方法改造前面的点显示函数。

2. 练习目标（练习结束时请在达到的目标前加"√"）

（1）掌握在程序中选中点的概念。

（2）熟练掌握调用动态库中接口函数的方法。

（3）熟练掌握异或模式下图形的显示方法。

（4）巩固添加鼠标左键弹起消息响应方法。

3. 操作说明

（1）该功能实现删除视图窗口中的指定点图元。

（2）执行"删除点"功能时，单击，选中离鼠标弹起位置一定范围内最近的点并删除。

4. 实现过程说明

该功能的实现需要修改以下两个消息响应函数。

第一个是"点编辑"→"删除点"菜单项的事件处理程序 OnPointDelete()，在函数中设置相应的操作状态。

第二个是鼠标左键弹起消息响应函数 OnLButtonUp，在该函数中添加针对删除点操作状态的代码，实现如下流程。

（1）从数据库中查找最近的点。

（2）将找到的点的记录标记为删除。

（3）将要删除的点用异或模式擦除。

为了实现上述流程还需要做如下准备。

（1）编写计算两个点间距离的函数 Distance()。

（2）编写调用"查找点"接口的函数 Load_DBDll_GetPnt()。

（3）编写查找最近点的函数 FindPnt()。

（4）编写调用"删除点"接口的函数 Load_DBDll_DeletePnt()。

（5）编写调用"获取总表中点的最大 ID"接口的函数 Load_DBDll_GetPntMaxID()。

5．上机指南

（1）启动 Visual Studio 2010，在练习 12 的基础上进行练习。

（2）添加文件。

① 添加文件。在 MapEditor 项目中新建头文件 Calculate. h 和源文件 Calculate. cpp。

② 防止头文件被重复包含。在 Calculate. h 中添加如下宏定义。

```
#ifndef CALCULATE_H
#define CALCULATE_H
//其他语句添加到此处
#endif
```

（3）包含头文件。

① 在 Calculate. cpp 中包含头文件 stdafx. h 和 Calculate. h。

② 在 Calculate. h 中包含 DataBaseDLL 项目的头文件 MyDataType. h 以及 math. h 和 LoadDll. h。

③ 在 MapEditorView. cpp 中包含头文件 Calculate. h。

（4）添加全局变量。在 MapEditorView. cpp 中添加如下全局变量。

```
PNT_STRU  GTPnt;        //临时点
long  GPntNdx=-1;       //找到的点的 ID
```

（5）添加计算两个点间距离的函数。

① 在 Calculate. h 的宏定义中添加如下函数声明。

```
double Distance(double x1,double y1,double x2,double y2);  //计算两点距离
```

② 在 Calculate. cpp 中添加如下函数定义。

```
double Distance(double x1,double y1,double x2,double y2)
{
    return sqrt((x1-x2)*(x1-x2)+(y1-y2)*(y1-y2));
}
```

（6）添加调用"查找点"接口的函数。

① 在 LoadDll. h 中添加如下函数声明。

```
long Load_DBDll_GetPnt(long ID,PNT_STRU*pnt);  //调用"查找点"接口函数
```

② 在 LoadDll. cpp 中添加如下函数定义。

```
long Load_DBDll_GetPnt(long ID,PNT_STRU*pnt)
```

```
    {
        typedef long (*lpFun)(long,PNT_STRU*);

        lpFun getPntFun=(lpFun)GetProcAddress(GhDll,"GetPnt");

        if(getPntFun==NULL)

            return GetProcAddressFailed;

        return getPntFun(ID,pnt);

    }
```

（7）添加调用"获取总表中点的最大 ID"接口的函数。

① 在 LoadDll. h 中添加如下函数声明。

```
long Load_DBDll_GetPntMaxID(long* PntMaxID);
```

② 在 LoadDll. cpp 中添加如下函数定义。

```
long Load_DBDll_GetPntMaxID(long* PntMaxID)

    {

        typedef long (*lpFun)(long*);

      lpFun GetPntMaxIDFun=(lpFun)GetProcAddress(GhDll,"GetPntMaxID");

      if(NULL==GetPntMaxIDFun)

        return GetProcAddressFailed;

      return GetPntMaxIDFun(PntMaxID);

    }
```

（8）添加查找最近点的函数。

① 在 Calculate. h 中添加如下函数声明。

```
long FindPnt(CPoint point,PNT_STRU &FindPnt);    //查找最近点
```

② 在 Calculate. cpp 中添加如下函数定义。

```
long FindPnt(CPoint point,PNT_STRU &FindPnt)

    {

        long     MaxID;

        Load_DBDll_GetPntMaxID(&MaxID);    //获取总表中点的最大 ID

        PNT_STRU     Pnt;

        double       dist=0.0;

        double       min=5.0;

        long         ID=-1;

        for(long i=1;i<=MaxID;i++)

        {

            if(Load_DBDll_GetPnt(i,&Pnt))    //取得 ID 为 i 的点数据

            {

                if(! Pnt.isDel)              //如果点没有被删除

                {

                    if(Pnt.x<point.x+5&&Pnt.x>point.x-5&&Pnt.y<point.y+
                    5&&Pnt.y>point.y-5)
```

```
                    {
                        dist=Distance(Pnt.x,Pnt.y,point.x,point.y);  //计算两
                        点的距离
                        if(min>dist)
                        {
                            min=dist;
                            ID=i;
                            memcpy_s(&FindPnt,sizeof(PNT_STRU),&Pnt,sizeof(PNT_
                            STRU));
                        }
                    }
                }
            }
            return ID;  //返回最近点的 ID
        }
```

（9）添加调用"删除点"接口的函数。

① 在 LoadDll.h 中添加如下函数声明。

```
    long Load_DBDll_DeletePnt(long ID);  //调用"删除点"接口
```

② 在 LoadDll.cpp 中添加如下函数定义。

```
    long Load_DBDll_DeletePnt(long ID)
    {
        typedef long (*lpFun)(long);
        lpFun DeletePntFun=(lpFun)GetProcAddress(GhDll,"DeletePnt");
        if (NULL==DeletePntFun)
            return GetProcAddressFailed;
        return DeletePntFun(ID);
    }
```

（10）修改"点编辑"→"删除点"菜单项的事件处理程序，在 OnPointDelete( )中添加如下代码。

```
    if(GOpenDataBase)
        Gtype=OPERSTATE_DELETE_PNT;              //设置"删除点"操作状态
```

（11）完善鼠标左键弹起的消息响应函数。在 MapEditorView.cpp 鼠标左键弹起的消息响应函数 OnLButtonUp(UINT nFlags, CPOint point)中添加如下 case 语句。

```
    case OPERSTATE_DELETE_PNT:                    //删除点
        GPntNdx=FindPnt(point,GTPnt);            //查找最近点
        if(GPntNdx!=-1)
        {
            Load_DBDll_DeletePnt(GPntNdx); //删除点
```

```
    GPntNdx=-1;                          //最近点标识重置
    GPntLNum--;                          //点逻辑数减 1
    DrawPnt(&dc,GTPnt);                  //异或模式绘制擦除点
}
break;
```

（12）单击"生成"菜单下的"重新生成解决方案"菜单项,再单击"调试"菜单下的"启动调试"菜单项,查看运行结果。

练习 14：实现"修改点"接口

1. 练习内容（反复练习下列内容,达到练习目标）

（1）巩固修改数据表中一条记录的 SQL 语句。

（2）掌握 C 语言内存分配和释放函数（malloc 和 free）的用法。

（3）学习 SQL 语句 update 命令的结构和动态生成方法。

（4）学习 CDatabase 类的 IsOpen()函数。

2. 练习目标（练习结束时请在达到的目标前加"√"）

（1）掌握 malloc 函数和 free 函数的用法,可尝试用 C++的 new 和 delete 操作符申请和释放内存。

（2）掌握 SQL 命令 update 的用法。

（3）掌握 CDatabase 类的 IsOpen()函数。

3. 接口说明

"修改点"接口的功能是修改点数据表中指定 ID 的记录。修改接口分为"修改点参数"和"修改点坐标"两个接口,分开设计的目的是便于上层高效调用,如移动点操作时仅需要调用"修改点坐标"接口函数。"修改点参数"接口修改点的类型、颜色等参数。

1）"修改点参数"接口

【函数原型】long UpdatePntParameter（long id,int pattern,COLORREF color,BYTE IsDel）。

【参数说明】id 为输入的需要修改的点记录的 ID 号;pattern 为输入点的类型;color为输入点的颜色;isDel 为输入点的删除标记。

【实现过程】（1）判断是否连接数据库,如果没有连接,则返回 DataBaseIsNotOpen。

（2）如果已经连接,则执行查询语句,返回 Success。

2）"修改点坐标"接口

【函数原型】long UpdatePntData（long id,double x, double y）。

【参数说明】id 为输入的需要修改的点记录的 ID 号;x 为输入点的 x 坐标;y 为输入点的 y 坐标。

【实现过程】（1）判断是否连接数据库,如果没有连接,则返回 DataBaseIsNotOpen。

（2）如果已经连接数据库,则执行查询语句。

（3）判断更新后的点的坐标是否在点总外包络矩形外面,如果在则更新总外包络

矩形。

4. 上机指南

(1) 启动 Visual Studio 2010,在练习 13 的基础上进行练习。

(2) 添加修改指定 ID 的点的参数的接口函数。

① 在 DataBaseDLL. h 中添加如下函数声明。

```
extern "C" _declspec(dllexport) long UpdatePntParameter(long ID,int
Pattern,COLORREF Color,BYTE IsDel);
```

② 在 DataBaseDLL. cpp 中添加如下函数定义。

```
long UpdatePntParameter(long ID,int Pattern,COLORREF Color,BYTE IsDel)
{
  long result=0;
  if(Gdb.IsOpen())
  {
      CString sql;
      sql.Format(_T("update PNT_Table set Pattern=%d,Color=%ld,IsDel=%d,
where ID=%d"),Pattern,Color,IsDel,ID);
      Gdb.ExecuteSQL(sql);   //执行更新点表中指定 ID 点的参数的 SQL 操作
      result= Success;
  }
  else
  {
      MessageBox(NULL,_T("数据库连接失败!"),_T("错误"),0);
      result= DataBaseIsNotOpen;
  }
  return result;
}
```

(3) 添加修改指定 ID 的点的坐标的接口函数。

① 在 DataBaseDLL. h 中添加如下函数声明。

```
extern "C" _declspec(dllexport) long UpdatePntData(long ID, double x,
double y);
```

② 在"DataBaseDLL. cpp"中添加如下函数定义。

```
long UpdatePntData(long ID, double x, double y)
{
  long result;
  if(Gdb.IsOpen())
  {
      CString sql;
      sql.Format(_T("update PNT_Table set X=%lf,Y=%lf where ID=%d"),x,y,
ID);
```

```
        Gdb.ExecuteSQL(sql);              //执行更新点表中指定 ID 点的坐标的 SQL 操作
        result= Success;
        D_RECT* ptrc=（D_RECT* )malloc(sizeof(D_RECT));
        result= GetAllPntRect(ptrc); //获取总表中点的外包络矩形
        if(ptrc&&(x< ptrc->min_x||x> ptrc->max_x||y< ptrc->min_y||y> ptrc
        ->max_y))
        {
            D_RECT PntRect= {x,y,x,y};
            D_RECT Rect= MergeExternalRect(* ptrc,PntRect);
            result= UpdateAllPntRect(&Rect); //更新总表中点的外包络矩形
        }
        free(ptrc);
    }
    else
    {
        MessageBox(NULL,_T("数据库连接失败!"),_T("错误"),0);
        result= DataBaseIsNotOpen;
    }
    return result;
}
```

（4）编译代码。

练习 15：实现"移动点"功能

1. 练习内容（反复练习下列内容，达到练习目标）

（1）加强理解操作功能实现中菜单消息和鼠标消息的关系。

（2）练习增加鼠标消息处理方法，学习相同的鼠标消息不同的功能操作的处理方法。

（3）学习为鼠标按下、移动和弹起等连串动作添加消息响应函数的方法。

2. 练习目标（练习结束时请在达到的目标前加"√"）

（1）了解移动点功能的实现原理。

（2）掌握为鼠标按下、移动和弹起事件添加消息响应函数的方法。

3. 操作说明及要求

（1）该功能实现移动视图窗口中的指定点。

（2）执行"移动点"功能时，按下鼠标左键选中离鼠标位置最近的点，拖动被选中的点，鼠标左键弹起时更改选中点的数据。

4. 实现过程说明

该功能的实现需要修改下列四个消息响应函数。

第一个是"点编辑"→"移动点"菜单命令处理函数 OnPointMove，在函数中设置相应的操作状态。

第二个是鼠标左键按下消息响应函数 OnLButtonDown,在该函数中添加针对移动点操作状态的代码,实现如下流程。

(1) 从点图元表中查找最近的点。

(2) 将鼠标位置记录为"上一位置"。

第三个是鼠标左键拖动消息响应函数 OnMouseMove,在该函数中添加对应的代码,实现如下流程。

(1) 清除"上一位置"处的点。

(2) 在"当前位置"处重新绘制点。

(3) 将鼠标当前位置记录为"上一位置"。

第四个是鼠标左键弹起消息响应函数 OnLButtonUp,在该函数中添加对应的代码,实现如下流程。

(1) 根据鼠标当前位置更改点图元表中选中的点位置数据。

(2) 重新显示点。

为了实现上述流程还需编写调用"修改点"接口的函数 Load_DBDll_UpdatePntData()、Load_DBDll_UpdatePntParameter()。

5. 上机指南

(1) 启动 Visual Studio 2010,在练习 14 的基础上进行练习。

(2) 添加调用"修改点"接口的函数。

① 打开 MapEditor 工程的 LoadDll.h 文件,在宏定义中添加如下函数声明。

```
long Load_DBDll_UpdatePntParameter(long ID, int Pattern, COLORREF Color,
BYTE IsDel);
long Load_DBDll_UpdatePntData(long ID,double x,double y);
```

② 打开 LoadDll.cpp 文件,在其中添加如下函数定义。

```
long Load_DBDll_UpdatePntParameter(long ID, int Pattern, COLORREF Color,
BYTE IsDel)
{
    typedef long (*lpFun)(long,int,COLORREF,BYTE);
    lpFun UpdatePntParaFun=(lpFun)GetProcAddress(GhDll,"UpdatePntParameter");
    if(NULL==UpdatePntParaFun)
    {
        return GetProcAddressFailed;
    }
    return UpdatePntParaFun(ID,Pattern,Color,IsDel);
}
long Load_DBDll_UpdatePntData(long ID,double x,double y)
{
    typedef long (*lpFun)(long,double,double);
    lpFun UpdatePntDataFun=(lpFun)GetProcAddress(GhDll,"UpdatePntData");
```

```
    if（NULL==UpdatePntDataFun）
    {
        return GetProcAddressFailed;
    }
    return UpdatePntDataFun（ID,x,y）;
}
```

　　小提示：在"移动点"的功能中只调用了修改点的坐标的接口函数,修改点的参数的接口函数可在强化练习"修改点参数"中调用。

　　（3）修改"点编辑"→"移动点"菜单事件处理程序,在 OnPointMove（）函数中添加如下代码。

```
    if(GOpenDataBase)
    {
        Gtype= OPERSTATE_MOVE_PNT;        //设置移动点的操作状态
    }
```

　　（4）添加鼠标左键按下的消息响应函数。为 CMapEditorView 类添加鼠标左键按下的消息响应函数 OnLButtonDown（）,在 OnLButtonDown（）中添加如下代码。

```
    switch(Gtype)
    {
        case OPERSTATE_MOVE_PNT:            //当前为移动点操作
            GPntNdx= FindPnt(point,GTPnt);//查找最近点
            break;
    }
```

　　（5）完善鼠标左键弹起的消息响应函数。在 MapEditorView. cpp 鼠标左键弹起的消息响应函数 OnLButtonUp（）中添加如下 case 语句。

```
    case OPERSTATE_MOVE_PNT:    //当前为移动点操作
        if(GPntNdx! = - 1)
        {
            Load_DBDll_UpdatePntData(GPntNdx,point.x,point.y);    //更新点坐标
            GPntNdx= - 1;
        }
        break;
```

　　（6）添加鼠标移动的消息响应函数。为 CMapEditorView 类添加鼠标移动的消息响应函数 OnMouseMove（）,在 OnMouseMove（）中添加如下代码。

```
    switch(Gtype)
    {
        case OPERSTATE_MOVE_PNT:            //当前为移动点操作
            if(GPntNdx! = - 1)
            {
                CClientDC dc(this);        //获得本窗口或当前活动视图
```

```
        dc.SetROP2(R2_NOTXORPEN);    //设置异或模式画点
        DrawPnt(&dc, GTPnt);          //在"上一位置"画点
        GTPnt.x= point.x;
        GTPnt.y= point.y;
        DrawPnt(&dc, GTPnt);          //在鼠标"当前位置"画点
    }
    break;
}
```

（7）单击"生成"菜单下的"重新生成解决方案"菜单项,再单击"调试"菜单下的"启动调试"菜单项,查看运行结果。

练习 16:实现"添加线"接口

1. 练习内容（反复练习下列内容,达到练习目标）

（1）复习数据结构（线结构）的定义,数组（多个点）的定义。

（2）参照 CRecordset,学习派生类的方法和基类中的虚函数在派生类中重载的方法,学习派生类和基类成员函数的调用方法,学习绑定列的函数 DoFieldExchange（）的用法。

（3）学习利用重载记录集类来实现数据库表的字段与类中的成员变量绑定。

（4）学习利用重载的记录集类来实现向数据库中添加记录。

（5）复习 CRecordset 类及其 GetFieldValue 函数的用法。

2. 练习目标（练习结束时请在达到的目标前加"√"）

（1）掌握数据结构中线结构的定义和用法。

（2）理解线图形的外包络矩形。

（3）理解数据库中总表与线表的对应关系。

（4）掌握数据库中对线表中线数据的更新操作和对总表的更新操作。

（5）掌握利用重载记录集类来实现数据库表的字段与类中的成员变量绑定的方法,熟悉了解 CRecordset 类派生和绑定列的函数 DoFieldExchange（）用法。

（6）熟练掌握 CRecordset 类与其 GetFieldValue 函数的用法,掌握通过重载 CRecordset 类的方法添加新记录的过程。

3. 接口说明

"添加线"接口的作用是将折线图元的数据信息添加到数据库的线表中。

【函数原型】long AddLin(D_DOT * Dot,LIN_NDX_STRU Lin)。

【参数说明】Dot 为输入的添加线的节点坐标数据;Lin 为输入的添加线的索引数据。

【实现过程】（1）在 LIN_Table 中添加一条新的线数据的记录。

（2）从 INT_Table 中获取所有线的外包络矩形。

（3）判断新添加的线是否在线外包络矩形外,若是则扩大外包络矩形并更新 INT_Table 中的线图形外包络矩形数据。

（4）获取 LIN_Table 中的最大 ID，并更新 INT_Table 中的 MaxID 数据。

为了实现以上功能，还需实现以下流程。

（1）派生一个记录集 CRecordset 类的子类 CLinRecordset，绑定 LIN_Table 表中的每一列。

（2）添加获取 LIN_Table 中最大 ID 的函数：GetMaxIDFromLinTable（long ＊ MaxID）。

（3）编写计算一条线或一个区的外包络矩形的函数 CalculateExternalRect（D_DOT ＊ Dot，long DotNum，D_RECT ＊ ptrc）。

4. 上机指南

（1）启动 Visual Studio 2010，在练习 15 的基础上进行练习。

（2）添加线结构的结构定义。在 MyDataType.h 的宏定义中添加如下代码。

```
typedef struct Line{
    BYTE          isDel;        //是否被删除
    COLORREF      color;        //线颜色
    int           pattern;      //线型(号)
    long          dotNum;       //线坐标点数
}LIN_NDX_STRU;
```

（3）添加单个节点数据结构的结构定义。在 MyDataType.h 的宏定义中添加如下代码。

```
typedef struct Dot{
    double x;      //节点的 x 坐标
    double y;      //节点的 y 坐标
}D_DOT;
```

（4）派生记录集的子类 CLinRecordset。

① 在 DataBaseDLL.h 中添加如下类的声明。

```
class CLinRecordset : public CRecordset
{
    public:
        CByteArray    m_Dot;
        int           m_Pattern;
        long          m_Color;
        long          m_DotNum;
        BYTE          m_IsDel;
        long          m_ID;
        double        m_MaxX;
        double        m_MaxY;
        double        m_MinX;
        double        m_MinY;
```

```
public:
    bool open(CString sql);    //新添加的类的成员函数
    void DoFieldExchange(CFieldExchange* pFX);    //重写继承的成员函数
};
```

② 实现列的绑定。在 DataBaseDLL.cpp 中对绑定列的函数 DoFieldExchange() 添加如下函数定义如下。

```
void CLinRecordset::DoFieldExchange(CFieldExchange*pFX)
{
    pFX->SetFieldType(CFieldExchange::outputColumn);
    RFX_Long(pFX, _T("[ID]"),m_ID);
    RFX_Long(pFX, _T("[DotNum]"),m_DotNum);
    RFX_Binary(pFX, _T("[Dot]"),m_Dot, 8000);
    RFX_Int(pFX, _T("[Pattern]"),m_Pattern);
    RFX_Long(pFX, _T("[Color]"),m_Color);
    RFX_Byte(pFX, _T("[IsDel]"),m_IsDel);
    RFX_Double(pFX, _T("[MinX]"),m_MinX);
    RFX_Double(pFX, _T("[MinY]"),m_MinY);
    RFX_Double(pFX, _T("[MaxX]"),m_MaxX);
    RFX_Double(pFX, _T("[MaxY]"),m_MaxY);
}
```

③ 实现新添加的类的成员函数。在 DataBaseDLL.cpp 添加如下函数定义。

```
bool  CLinRecordset::open(CString sql)
{
    this->m_nFields=10;    //设置记录集的列数
    this->m_pDatabase=&Gdb;
    if(!this->Open(dynaset,sql))
        return false;
    return true;
}
```

(5) 添加获取 LIN_Table 中最大 ID 的函数。

① 在 DataBaseDLL.h 中添加如下函数声明。

```
long GetMaxIDFromLinTable(long*MaxID);    //获取线表中线的最大 ID
```

② 在 DataBaseDLL.cpp 中添加如下函数定义。

```
long GetMaxIDFromLinTable(long*MaxID)
{
    long result;
    if(Gdb.IsOpen())
    {
        CString sql,str;
```

```
        sql.Format(_T("select ID=MAX(ID) from LIN_Table"));
        CRecordset rs;
        rs.m_pDatabase=&Gdb;
        if(!rs.Open(CRecordset::dynamic,sql))//打开查询线表中线最大 ID 记录
            return RecordsetOpenFailed;
        if(rs.GetRecordCount()!=0)
        {
            rs.GetFieldValue(_T("ID"),str);      //获取线最大 ID 值
            *MaxID=_ttol(str);
            result=Success;
        }
        else
            result=SelectFailed;
        rs.Close();
    }
    else
    {
        MessageBox(NULL,_T("数据库连接失败!"),_T("错误"),0);
        result=DataBaseIsNotOpen;
    }
    return result;
}
```

（6）添加计算一条线或一个区的外包络矩形的函数。

① 在 DataBaseDLL.h 中添加如下函数声明。

```
bool CalculateExternalRect(D_DOT* Dot,long DotNum,D_RECT* ptrc);
```

② 在 DataBaseDLL.cpp 中添加如下函数定义。

```
bool CalculateExternalRect(D_DOT* Dot,long DotNum,D_RECT* ptrc)
{
  if(DotNum==0)
     return false;
  else
  {
    ptrc->max_x=Dot[0].x;
    ptrc->max_y=Dot[0].y;
    ptrc->min_x=Dot[0].x;
    ptrc->min_y=Dot[0].y;
    for(long i=1;i< DotNum;++i)
    {
        if(ptrc->max_x<Dot[i].x)
            ptrc->max_x=Dot[i].x;
```

```
        if(ptrc->max_y<Dot[i].y)
            ptrc->max_y=Dot[i].y;
        if(ptrc->min_x>Dot[i].x)
            ptrc->min_x=Dot[i].x;
        if(ptrc->min_y>Dot[i].y)
            ptrc->min_y=Dot[i].y;
    }
    return true;
    }

}
```

（7）添加"添加线"接口函数。

① 在 DataBaseDLL.h 中添加如下函数声明。

```
extern "C" _declspec(dllexport) long AddLin(D_DOT* Dot,LIN_NDX_STRU Lin);
```

② 在 DataBaseDLL.cpp 中添加如下函数定义。

```
long AddLin(D_DOT* Dot,LIN_NDX_STRU Lin)
{
    long result;
    if(Gdb.IsOpen())
    {
        CLinRecordset rs;
        if(! rs.open(_T("LIN_Table")))      //打开数据库的线表记录集
            return RecordsetOpenFailed;
        D_RECT ExternalRect;
        CalculateExternalRect(Dot,Lin.dotNum,&ExternalRect);
                                            //计算新线的外包络矩形
        rs.AddNew();                        //为添加新记录准备
        rs.m_Dot.SetSize(Lin.dotNum* sizeof(D_DOT));
        BYTE* LinDotData;
        LinDotData=rs.m_Dot.GetData();      //线节点数据
        memcpy_s(LinDotData,Lin.dotNum* sizeof(D_DOT),Dot,Lin.dotNum* sizeof(D_
        DOT));
        rs.m_DotNum=Lin.dotNum;
        rs.m_IsDel=Lin.isDel;
        rs.m_Color=Lin.color;
        rs.m_Pattern=Lin.pattern;
        rs.m_MaxX=ExternalRect.max_x;
        rs.m_MaxY=ExternalRect.max_y;
        rs.m_MinX=ExternalRect.min_x;
        rs.m_MinY=ExternalRect.min_y;
        rs.Update();                        //完成添加新记录
```

```
        rs.Close();                           //关闭线表记录集
        D_RECT*ptrc=(D_RECT*)malloc(sizeof(D_RECT));
        result=GetAllLinRect(ptrc);           //获取线的外包络矩形
        D_RECT Rect=MergeExternalRect(*ptrc,ExternalRect);   //合并外包络矩形
        free(ptrc);
        result=UpdateLinLNum(1);              //更新总表中线的逻辑数
        result= UpdateAllLinRect(&Rect);      //更新总表中线图元的外包络矩形
        long MaxID;
        result=GetMaxIDFromLinTable(&MaxID);  //获取线表中线图元的最大 ID
        result=UpdateLinMaxID(MaxID);         //更新总表中线的最大 ID
    }
    else
    {
        MessageBox(NULL,_T("数据库连接失败!"),_T("错误"),0);
        result=DataBaseIsNotOpen;
    }
    return result;
}
```

(8) 编译代码。

练习 17：实现"添加线"功能

1. 练习内容（反复练习下列内容，达到练习目标）

(1) 理解折线的含义和线结构。

(2) 练习创建"线"结构，记录折线坐标点。

(3) 理解线数据结构的定义、多线数组的定义和内存分配。

(4) 学习画线绘图函数和"橡皮线"绘制方法。

(5) 了解 CPoint 与自定义点类型互相转换的方法。

(6) 练习利用 SQL 语句操作数据库中线数据的方法。

2. 练习目标（练习结束时请在达到的目标前加"√"）

(1) 掌握线索引数据结构和点结构。

(2) 掌握画线绘图函数。

(3) 掌握画折线的方法。

(4) 掌握将线数据存入数据库的方法。

(5) 掌握数据库的 SQL 语句查询数据的方法。

(6) 熟悉 CPoint 与自定义点类型互相转换函数。

3. 操作说明及要求

(1) 该功能实现在视图窗口中添加一条折线。

(2) 执行"造线"功能时，用户在客户区单击，确定折线的节点，拖动鼠标制作出线段；

最后右击,结束绘制折线。

(3) 右击前的一个节点作为折线的结束点。如果折线的点数少于两个,右击则取消此次画线。

4. 实现过程说明

该功能的实现需要修改下列四个消息响应函数。

第一个是"线编辑"→"造线"菜单命令处理函数 OnLineCreate,在函数中设置相应的操作状态。

第二个是鼠标左键弹起消息响应函数 OnLButtonUp,在该函数中添加针对造线操作状态添加折线的节点,并且保存这个节点。

第三个是鼠标移动消息响应函数 OnMouseMove,在该函数中添加针对造线操作状态实现橡皮线效果。

第四个是鼠标右击消息响应函数 OnRButtonUp,结束画线,保存线的相关数据。

为了实现上述流程还需要进行以下准备。

(1) 编写绘制线段函数 DrawSeg()。

(2) 编写 POINT 结构与 D_DOT 结构相互转换的函数。

(3) 编写调用"添加线"接口的函数 Load_DBDll_AddLin()。

5. 上机指南

(1) 启动 Visual Studio 2010,在练习 16 的成果下进行操作。

(2) 添加全局变量。在 MapEditorView.cpp 中添加如下全局变量。

```
LIN_NDX_STRU GLin={
    GLin.isDel=0 ,
    GLin.color=RGB(0,255,255),
    GLin.pattern=0,
    GLin.dotNum=0
};
LIN_NDX_STRU GTLin;        //临时线
D_DOT*GTLinDot;            //存取线的点坐标
int GLinDotSize=10;        //数组的大小
CPoint GMPnt(-1,-1);       //记录鼠标移动前的坐标
```

(3) 添加绘制线段的函数。

① 在 Paint.h 中添加如下函数声明。

```
void DrawSeg(CClientDC*dc, LIN_NDX_STRU lin,POINT pt1,POINT point2);
```

② 在 Paint.cpp 中添加如下函数定义。

```
void DrawSeg(CClientDC*dc, LIN_NDX_STRU lin,POINT point1,POINT point2)
{
    CPen pen;
    switch(lin.pattern)
```

```
    {
    case 0:                    //实线
        pen.CreatePen(PS_SOLID, 1, lin.color);
        break;
    case 1:
        break;
    case 2:
        break;
    default:
        break;
    }
    CPen* oldPen= dc->SelectObject(&pen);
    dc->MoveTo(point1.x,point1.y);
    dc->LineTo(point2.x,point2.y);
    dc->SelectObject(oldPen);
}
```

（4）添加 POINT 结构与 D_DOT 结构相互转换的函数。

① 在 Calculate.h 中添加如下函数声明。

```
void PntToDot(D_DOT* dot,POINT* pnt,int num);    //POINT 转 D_DOT(点集)
void PntToDot(D_DOT& dot,POINT pnt);             //POINT 转 D_DOT(单点)
void DotToPnt(POINT* pnt,D_DOT* dot,int num);    //D_DOT 转 POINT(点集)
void DotToPnt(POINT& pnt,D_DOT dot);             //D_DOT 转 POINT(单点)
```

② 在 Calculate.cpp 中添加如下函数定义。

```
void PntToDot(D_DOT* dot,POINT* pnt,int num)
{
    for(int i=0;i<num;++i)
    {
        dot[i].x=pnt[i].x;
        dot[i].y=pnt[i].y;
    }
}
void PntToDot(D_DOT& dot,POINT pnt)
{
    dot.x=pnt.x;
    dot.y=pnt.y;
}
void DotToPnt(POINT* pnt,D_DOT* dot,int num)
{
    for(int i=0;i<num;++i)
    {
```

```
            pnt[i].x=(long)dot[i].x;
            pnt[i].y=(long)dot[i].y;
        }
    }
    void DotToPnt(POINT& pnt,D_DOT dot)
    {
        pnt.x=(long)dot.x;
        pnt.y=(long)dot.y;
    }
```

（5）添加调用"添加线"接口的函数。

① 在 LoadDll.h 中添加如下函数声明。

```
    long Load_DBDll_AddLin(D_DOT*Dot,LIN_NDX_STRU Lin);
```

② 在 LoadDll.cpp 文件中添加如下函数定义。

```
    long Load_DBDll_AddLin(D_DOT*Dot,LIN_NDX_STRU Lin)
    {
        typedef long (*lpFun)(D_DOT*,LIN_NDX_STRU);
        lpFun AddLin= (lpFun)GetProcAddress(GhDll,"AddLin");
        if(NULL==AddLin)
            return GetProcAddressFailed;
        return AddLin(Dot,Lin);
    }
```

（6）修改"线编辑"→"造线"菜单项的事件处理程序,在 OnLineCreate()函数中添加如下代码。

```
    if(GOpenDataBase)
    {
        Gtype=OPERSTATE_INPUT_LIN;        //设置"造线"操作状态
        memcpy_s(&GTLin,sizeof(LIN_NDX_STRU),&GLin,sizeof(LIN_NDX_STRU));
    }
```

（7）完善鼠标左键弹起的消息响应函数。在 MapEditorView.cpp 鼠标左键弹起的消息响应函数 OnLButtonUp(UINT nFlags,CPOint point)中添加如下 case 语句。

```
    case OPERSTATE_INPUT_LIN:          //造线
        if(GTLin.dotNum==0)
            GTLinDot=new D_DOT[GLinDotSize];
        if(GLinDotSize<=GTLin.dotNum)
        {
            GLinDotSize+=10;
            D_DOT*tdot=new D_DOT[GLinDotSize];
            memcpy_s(tdot,sizeof(D_DOT)*GTLin.dotNum,GTLinDot,
            sizeof(D_DOT)*GTLin.dotNum);
```

```
        delete []GTLinDot;
        GTLinDot=tdot;                        //临时线节点数据
    }
    PntToDot(GTLinDot[GTLin.dotNum],point);
    ++GTLin.dotNum;                           //临时线节点数加 1
    break;
```

（8）完善鼠标移动的消息响应函数。在 MapEditorView. cpp 鼠标移动的消息响应函数 OnMouseMove(UINT nFlags，CPOint point)中添加如下 case 语句。

```
case OPERSTATE_INPUT_LIN:                 //造线
    if(GTLin.dotNum>0)
    {
        CClientDC dc(this);               //获得本窗口或当前活动视图
        dc.SetROP2(R2_NOTXORPEN);         //设置异或模式画线
        POINT Dot;
        DotToPnt(Dot,GTLinDot[GTLin.dotNum- 1]);    //线节点集转为 POINT
        if(GMPnt.x! =-1&&GMPnt.y! =-1)
            DrawSeg(&dc,GTLin,Dot,GMPnt);
        GMPnt.x=point.x;
        GMPnt.y=point.y;
        POINT mpoint={mpoint.x=point.x,mpoint.y=point.y};
        DrawSeg(&dc,GTLin,Dot,mpoint);    //绘制橡皮线
    }
    break;
```

（9）完善鼠标右键弹起的消息响应函数。在 MapEditorView. cpp 中找到 OnRButtonUp (UINT / * nFlags * /，CPoint point)，将 OnRButtonUp()中的代码删掉，并添加如下代码。

```
    CClientDC dc(this);
    dc.SetROP2(R2_NOTXORPEN);
    switch(Gtype)
    {
    case OPERSTATE_INPUT_LIN:                 //造线
        if(GTLin.dotNum>=2)
        {
            Load_DBDll_AddLin(GTLinDot,GTLin);   //添加线(临时线数据存入数据库)
            GLinLNum++;                          //线逻辑数加 1
        }
        POINT Dot;
        DotToPnt(Dot,GTLinDot[GTLin.dotNum- 1]);
        DrawSeg(&dc,GTLin,point,Dot);        //绘制线
        memcpy_s(&GTLin,sizeof(LIN_NDX_STRU),&GLin,sizeof(LIN_NDX_STRU));
        GMPnt.SetPoint(-1,-1);               //重置 GMPnt
```

— 83 —

```
delete []GTLinDot;              //删除临时线数据
GLinDotSize=10;                 //重置 GLinDotSize
break;
}
```

（10）单击"生成"菜单下的"重新生成解决方案"菜单项,再单击"调试"菜单下的"启动调试"菜单项,查看运行结果。运行程序后,先连接数据库,然后进行"造线"操作,"造线"功能实现效果如图 3.26 所示。

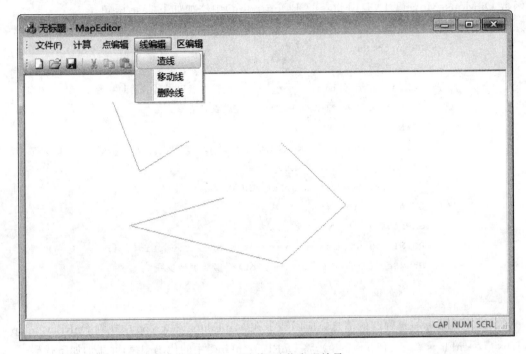

图 3.26 "造线"功能实现效果

练习 18：实现"查找线"接口

1. 练习内容（反复练习下列内容,达到练习目标）

（1）学习利用数据库表的主键（线 ID）获取线的内容。

（2）复习利用重载的记录集类来获取数据库中指定字段的内容。

（3）练习使用 SQL 语句根据主键查询指定的记录。

（4）复习 memcpy_s 函数的用法。

2. 练习目标（练习结束时请在达到的目标前加"√"）

（1）理解数据库表的主键的作用。

（2）熟练运用数据的 SQL 查询语句。

（3）熟练掌握 memcpy_s 函数的用法。

（4）熟练掌握利用重载的记录集类来获取数据库中指定字段的内容的方法。

3. 实现过程说明

"查找线"接口的功能是查找线数据表中的指定 ID 的记录。其中,分为"查找线图元的参数和点坐标"、"查找线图元的外包络矩形"、"查找线图元的点数"三个接口。

1) 查找线图元的参数和点坐标

【函数原型】long GetLin(long ID,LIN_NDX_STRU * Lin,D_DOT * Dot)。

【参数说明】ID 为输入的需要查询的线的 ID 号;Lin 为返回的线索引数据;Dot 为返回的线的点坐标数据。

【实现过程】(1) 判断是否连接数据库,如果没有连接数据库则返回 DataBaseIsNotOpen。

(2) 如果已经连接数据库,执行查询语句,打开记录集,如果打开记录集不成功则返回 RecordsetOpenFailed。

(3) 如果打开记录集成功,判断记录集中是否有数据,如果有数据则将查询到的数据赋值给返回的参数。

2) 查找线图元的外包络矩形

【函数原型】long GetLinRect(long ID,D_RECT * ptrc)。

【参数说明】ID 为输入的需要查询的线的 ID 号;ptrc 为返回的线的外包络矩形。

【实现过程】(1) 判断是否连接数据库,如果没有连接则返回 DataBaseIsNotOpen。

(2) 如果已经连接数据库,执行查询语句,打开记录集,如果打开数据集不成功则返回 RecordsetOpenFailed。

(3) 如果成功打开数据集,判断记录集中是否有数据,如果有数据则将查询到的数据赋值给返回的参数。

3) 查找线图元的点数

【函数原型】long GetLinDotNum(long ID,long * DotNum)。

【参数说明】ID 为输入的需要查询的线的 ID 号;DotNum 为返回线的节点数目。

【实现过程】(1) 判断是否连接数据库,如果没有连接则返回 DataBaseIsNotOpen。

(2) 如果已经连接数据库,执行查询语句,打开记录集,如果打开数据集不成功则返回 RecordsetOpenFailed。

(3) 如果成功打开数据集,判断记录集中是否有数据,如果有数据则将查询到的数据赋值给返回的参数。

4. 上机指南

(1) 启动 Visual Studio 2010,在练习 17 的成果下进行操作。

(2) 添加获取指定 ID 的线索引数据和线的点坐标的接口函数。

① 在 DataBaseDLL.h 中添加如下函数声明。

```
extern "C" _declspec(dllexport) long GetLin(long ID,LIN_NDX_STRU* Lin,D_
    DOT* Dot);
```

② 在 DataBaseDLL.cpp 中添加如下函数定义。

```
long GetLin(long ID,LIN_NDX_STRU* Lin,D_DOT* Dot)
{
    long result;
    if(Gdb.IsOpen())
    {
        CString sql;
        sql.Format(_T("select* from LIN_Table where ID=%d"),ID);
        CLinRecordset rs;
        if(! rs.open(sql))                //打开查询线表中指定 ID 的记录
            return RecordsetOpenFailed;
        if(rs.GetRecordCount()!=0)
        {//获取指定 ID 记录中各个字段的值,返回线数据
            Lin->color=rs.m_Color;
            Lin->dotNum=rs.m_DotNum;
            Lin->isDel=rs.m_IsDel;
            Lin->pattern=rs.m_Pattern;
            if(Dot)
            {
                memcpy_s(Dot,Lin->dotNum* sizeof(D_DOT),
                    rs.m_Dot.GetData(),Lin->dotNum* sizeof(D_DOT));
            }
            result=Success;
        }
        else
            result=SelectFailed;
        rs.Close();
    }
    else
    {
        MessageBox(NULL,_T("数据库连接失败!"),_T("错误"),0);
        result=DataBaseIsNotOpen;
    }
    return result;
}
```

(3) 添加获取指定 ID 的线的外包络矩形的接口函数。

① 在 DataBaseDLL.h 中添加如下函数声明。

```
extern "C"_declspec(dllexport) long GetLinRect(long ID,D_RECT* ptrc);
```

② 在 DataBaseDLL.cpp 中添加如下函数定义。

```
long GetLinRect(long ID,D_RECT* ptrc)
{
```

```
long result;
if(Gdb.IsOpen())
{
    CString sql;
    sql.Format(_T("select*from LIN_Table where ID=%d"),ID);
    CLinRecordset rs;
    if(! rs.open(sql))              //打开查询线表中指定 ID 的记录
        return RecordsetOpenFailed;
    if(rs.GetRecordCount()!=0)     //获取指定 ID 记录中线的外包络矩形
    {
        ptrc->min_x=rs.m_MinX;
        ptrc->min_y=rs.m_MinY;
        ptrc->max_x=rs.m_MaxX;
        ptrc->max_y=rs.m_MaxY;
        result= Success;
    }
    else
        result=SelectFailed;
    rs.Close();
}
else
{
    MessageBox(NULL,_T("数据库连接失败!"),_T("错误"),0);
    result=DataBaseIsNotOpen;
}
return result;
}
```

（4）添加获取指定 ID 的线的点数的接口函数。

① 在 DataBaseDLL.h 中添加如下函数声明。

```
extern "C" _declspec(dllexport) long GetLinDotNum(long ID,long* DotNum);
```

② 在 DataBaseDLL.cpp 中添加如下函数定义。

```
long GetLinDotNum(long ID,long* DotNum)
{
    long result;
    if(Gdb.IsOpen())
    {
        CString sql;
        sql.Format(_T("select*from LIN_Table where ID=%d"),ID);
        CLinRecordset rs;
        if(! rs.open(sql))              //打开查询线表中指定 ID 的记录
```

```
            return RecordsetOpenFailed;
        if(rs.GetRecordCount()! =0)
        {
            * DotNum=rs.m_DotNum;      //获取指定 ID 记录中线的点数
            result=Success;
        }
        else
            result=SelectFailed;
        rs.Close();
    }
    else
    {
        MessageBox(NULL,_T("数据库连接失败!"),_T("错误"),0);
        result=DataBaseIsNotOpen;
    }
    return result;
}
```

(5) 编译代码。

练习 19：实现"删除线"接口

1. 练习内容（反复练习下列内容，达到练习目标）

(1) 理解用修改删除标记的方式实现伪删除的原理。

(2) 复习使用 SQL 根据线 ID 更新指定记录的字段内容。

(3) 练习用修改删除标记方式实现伪删除一条线。

2. 练习目标（练习结束时请在达到的目标前加"√"）

(1) 理解伪删除的实现方式。

(2) 熟练掌握数据库 SQL 更新语句与使用。

(3) 掌握实现伪删除一条线的方法。

3. 接口说明

"删除线"接口的功能是修改指定 ID 的线记录的删除标记，实现伪删除。

【函数原型】long DeleteLin(long ID)。

【参数说明】输入的指定要删除的线 ID 号。

【实现过程】(1) 判断是否连接数据库，如果没有连接则返回 DataBaseIsNotOpen。

(2) 如果已经连接数据库，执行更新线表中指定 ID 记录的删除标记语句，并修改总表中线的逻辑数目。

(3) 如果更新成功，则返回 Success。

4. 上机指南

(1) 启动 Visual Studio 2010，在练习 18 成功的基础上进行操作。

（2）添加动态库中"删除线"接口函数。

① 打开 DataBaseDLL 项目中的 DataBaseDLL.h,添加如下函数声明。

```
extern "C"_declspec(dllexport) long DeleteLin(long ID);
```

② 打开 DataBaseDLL 项目中的 DataBaseDLL.cpp,在其中添加如下函数定义。

```
long DeleteLin(long ID)
{
    long result;
    if(Gdb.IsOpen())
    {
        CString sql;
        sql.Format(_T("update LIN_Table set IsDel=1 where ID=%d"),ID);
        Gdb.ExecuteSQL(sql);            //执行更新线表中指定 ID 记录的删除标记的 SQL
        result=UpdateLinLNum(-1);       //更新总表中线的逻辑数
    }
    else
    {
        MessageBox(NULL,_T("数据库连接失败!"),_T("错误"),0);
        result=DataBaseIsNotOpen;
    }
    return result;
}
```

（3）编译代码。

练习 20:实现"删除线"功能

1. 练习内容（反复练习下列内容,达到练习目标）

（1）复习点到直线段垂直距离函数。

（2）复习查找离鼠标最近的线的函数。

（3）复习在屏幕上消线的方法（重绘法和异或消除法）。

（4）复习在内存中"删除线"数据,并变更线的个数。

2. 练习目标（练习结束时请在达到的目标前加"√"）

（1）掌握查找线接口函数的定义和调用。

（2）掌握在屏幕上消线接口函数的定义和调用。

（3）掌握伪删除线的原理和实现方法。

3. 操作说明及要求

（1）该功能实现删除视图窗口中的指定线。

（2）执行"删除线"功能时,单击选中离鼠标弹起位置一定范围内最近的线并删除。

4. 实现过程说明

该功能的实现需要修改下列两个消息响应函数。

第一个是"线编辑"→"删除线"菜单项的事件处理程序 OnLineDelete(),在函数中设置相应的操作状态。

第二个是鼠标左键弹起消息响应函数 OnLButtonUp,在该函数中添加针对删除线操作状态的代码,实现如下流程。

(1) 从数据库中查找离鼠标最近的线。

(2) 将找到的线标记为删除。

(3) 将要删除的线用异或模式擦除。

为了实现上述流程,需要另外编写如下函数。

(1) 编写计算单击位置到线的距离的函数 DisDotToSeg()。

(2) 编写调用"查找线"接口的函数 Load _ DBDll _ GetLin ( )、Load _ DBDll _ GetLinDotNum()、Load_DBDll_GetLinRect()。

(3) 编写查找离鼠标最近的线的函数 FindLin()。

(4) 编写调用"删除线"接口的函数 Load_DBDll_DeleteLin()。

(5) 编写调用"获取总表中线的最大 ID"接口的函数 Load_DBDll_GetLinMaxID()。

5. 上机指南

(1) 启动 Visual Studio 2010,在练习 19 成功的基础上进行操作。

(2) 添加全局变量。在 MapEditorView. cpp 中添加如下全局变量。

```
LIN_NDX_STRU GFindLin;    //找到的线
long  GLinNdx=-1;        //找到的线的 ID
```

(3) 添加计算单击位置到线的距离的函数。

① 在 Calculate. h 中添加如下函数声明。

```
double DisDotToSeg(D_DOT pt1,D_DOT pt2,D_DOT pt);
```

② 在 Calculate. cpp 中添加如下函数定义。

```
double DisDotToSeg(D_DOT pt1,D_DOT pt2,D_DOT pt)
{
    //求点到线段间最短距离函数
    //定义向量积 a,指示夹角(pt2,pt1,pt)
    double a=(pt2.x-pt1.x)*(pt.x-pt1.x)+(pt2.y-pt1.y)*(pt.y-pt1.y);
    //定义向量积 b,指示夹角(pt1,pt2,pt)
    double b=(pt1.x-pt2.x)*(pt.x-pt2.x)+(pt1.y-pt2.y)*(pt.y-pt2.y);
    if ( a*b>1e-10)
    {
        //如果 a*b>0,则两夹角均为锐角,最短距离为 pt 到线段的高
        double area;      //定义三角形面积
        double hight;     //点到线段的高
        double s=(Distance(pt1.x,pt1.y,pt2.x,pt2.y)
            +Distance(pt.x,pt.y,pt1.x,pt1.y)
            +Distance(pt.x,pt.y,pt2.x,pt2.y))/2;   //海伦公式的中间变量 S
```

```
        area=sqrt(s*(s-Distance(pt.x,pt.y,pt1.x,pt1.y))
            *(s-Distance(pt.x,pt.y,pt2.x,pt2.y))
            *(s-Distance(pt1.x,pt1.y,pt2.x,pt2.y)));
        hight=2*area/Distance(pt1.x,pt1.y,pt2.x,pt2.y);
        return hight;
    }
    else
    {
        return (Distance(pt1.x,pt1.y,pt.x,pt.y)>Distance(pt.x,pt.y,pt2.
        x,pt2.y))
            ?Distance(pt.x,pt.y,pt2.x,pt2.y):Distance(pt.x,pt.y,pt1.x,
            pt1.y);
    }
}
```

（4）添加调用"查找线"接口的函数。

① 在 LoadDll. h 中添加如下函数声明。

```
long Load_DBDll_GetLinDotNum(long ID,long* DotNum);   //获取线节点数
long Load_DBDll_GetLin(long ID,LIN_NDX_STRU* Lin,D_DOT* Dot);   //获取线数据
long Load_DBDll_GetLinRect(long ID,D_RECT*ptrc);   //获取线外包络矩形
```

② 在 LoadDll. cpp 中添加如下函数定义。

```
long Load_DBDll_GetLinDotNum(long ID,long* DotNum)
{
    typedef long (*lpFun)(long ,long*);
    lpFun GetLinDotNum=(lpFun)GetProcAddress(GhDll,"GetLinDotNum");
    if (NULL==GetLinDotNum)
        return GetProcAddressFailed;
    return GetLinDotNum(ID,DotNum);
}
long Load_DBDll_GetLin(long ID,LIN_NDX_STRU* Lin,D_DOT* Dot)
{
    typedef long (*lpFun)(long ,LIN_NDX_STRU* ,D_DOT*);
    lpFun GetLin=(lpFun)GetProcAddress(GhDll,"GetLin");
    if (NULL==GetLin)
        return GetProcAddressFailed;
    return GetLin(ID,Lin,Dot);
}
long Load_DBDll_GetLinRect(long ID,D_RECT*ptrc)
{
    typedef long (*lpFun)(long ,D_RECT*);
    lpFun GetLinRect=(lpFun)GetProcAddress(GhDll,"GetLinRect");
```

```
        if(NULL==GetLinRect)
            return GetProcAddressFailed;
        return GetLinRect(ID,ptrc);
    }
```

（5）添加调用"获取总表中线的最大 ID"接口的函数。

① 在 LoadDll.h 中添加如下函数声明。

```
    long Load_DBDll_GetLinMaxID(long* LinMaxID);
```

② 在 LoadDll.cpp 中添加如下函数定义。

```
    long Load_DBDll_GetLinMaxID(long* LinMaxID)
    {
        typedef long (*lpFun)(long*);
        lpFun GetLinMaxID=(lpFun)GetProcAddress(GhDll,"GetLinMaxID");
        if(NULL==GetLinMaxID)
            return GetProcAddressFailed;
        return GetLinMaxID(LinMaxID);
    }
```

（6）添加查找离鼠标最近的线的函数。

① 在 Calculate.h 中添加如下函数声明。

```
    long FindLin(CPoint point,LIN_NDX_STRU &FindLin);
```

② 在 Calculate.cpp 中添加如下函数定义。

```
    long FindLin(CPoint point,LIN_NDX_STRU &FindLin)
    {
        long MaxID;
        Load_DBDll_GetLinMaxID(&MaxID);              //获取总表中线的最大 ID
        LIN_NDX_STRU Lin;
        double min=5.0;
        double dist=0.0;
        long ID=-1;
        for(long i=1;i<=MaxID;i++)
        {
            long DotNum;
            if(Load_DBDll_GetLinDotNum(i,&DotNum))//获取线表中指定 ID 线的节点数
            {
                D_DOT* Dot=new D_DOT[DotNum];
                Load_DBDll_GetLin(i,&Lin,Dot);  //获取线表中指定 ID 线的线数据
                if(!Lin.isDel)                      //如果线没有删除
                {
                    for(long j=0; j<DotNum-1;j++)
                    {
```

```
                              D_DOT mpt;
                              PntToDot(mpt,point);
                              dist=DisDotToSeg(Dot[j],Dot[j+1],mpt);    //点到线段的最
                              短距离
                              if(min>dist)
                              {
                                  min=dist;
                                  ID=i;
                                  memcpy_s(&FindLin,sizeof(LIN_NDX_STRU),
                                      &Lin,sizeof(LIN_NDX_STRU));
                                  break;
                              }
                          }
                      }
                      delete []Dot;
                  }
              }
          return ID;
      }
```

（7）添加调用"删除线"接口的函数。

① 在 LoadDll. h 中添加如下函数声明。

```
      long Load_DBDll_DeleteLin(long ID);
```

② 在 LoadDll. cpp 中添加如下函数定义。

```
      long Load_DBDll_DeleteLin(long ID)
      {
          typedef long (*lpFun)(long);
          lpFun DeleteLin=(lpFun)GetProcAddress(GhDll,"DeleteLin");
          if (NULL==DeleteLin)
              return GetProcAddressFailed;
          return DeleteLin(ID);
      }
```

（8）修改"线编辑"→"删除线"菜单项的事件处理程序,在 OnLineDelete( )中添加如下代码。

```
      if(GOpenDataBase)
          Gtype=OPERSTATE_DELETE_LIN;                    //设置"删除线"操作状态
```

（9）完善鼠标左键弹起的消息响应函数。在 MapEditorView. cpp 鼠标左键弹起的消息响应函数 OnLButtonUp(UINT nFlags，CPOint point)中添加如下 case 语句。

```
      case OPERSTATE_DELETE_LIN:                    //删除线
      GLinNdx=FindLin(point,GFindLin);              //查找单击位置最近的线
```

```
    if(GLinNdx !=-1)
    {
        GTLinDot=new D_DOT[GFindLin.dotNum];   //线的节点数
        Load_DBDll_GetLin(GLinNdx,&GFindLin,GTLinDot);   //获取线数据
        Load_DBDll_DeleteLin(GLinNdx);              //从数据库中删除线
        POINT* Dot=new POINT[GFindLin.dotNum];
        DotToPnt(Dot,GTLinDot,GFindLin.dotNum);
        for(int i=0;i<GFindLin.dotNum-1;i++)
            DrawSeg(&dc,GFindLin,Dot[i],Dot[i+1]);   //异或模式擦除线
        GLinNdx=-1;
        delete []Dot;
        delete []GTLinDot;
        GLinLNum--;
    }
    break;
```

（10）单击"生成"菜单下的"重新生成解决方案"菜单项，再单击"调试"菜单下"启动调试"菜单项，查看运行结果。

练习 21:实现"修改线"接口

1. 练习内容（反复练习下列内容，达到练习目标）

（1）复习用数据库的 SQL 查询语句查询指定记录。

（2）复习用重载的记录集类来更新数据库中指定字段的内容。

（3）理解修改线索引和线数据的区别。

（4）学会修改线数据和线索引的方法。

2. 练习目标（练习结束时请在达到的目标前加"√"）

（1）熟练掌握数据库的 SQL 查询语句。

（2）熟练掌握利用重载的记录集类来更新数据库中指定字段的内容的方法。

（3）熟悉线索引和线数据的区别，并掌握修改线数据和线索引的方法和过程。

3. 接口说明

"修改线"接口的功能是修改线数据表中的指定 ID 的记录。其中分为"修改线参数"和"修改线的点坐标"。"修改线参数"是修改线的类型、颜色等参数；"修改线的点坐标"是修改线的点坐标和线图元的外包络矩形。

1）修改线参数

【函数原型】long UpdateLinParameter(long ID, LIN_NDX_STRU LinNdx)。

【参数说明】ID 为输入的需要修改的线记录的 ID 号；LinNdx 为输入的线索引数据。

【实现过程】（1）判断是否连接数据库，如果没有连接则返回 DataBaseIsNotOpen。

（2）如果已经连接数据库，则执行查询语句，打开记录集，如果打开数据集不成功则返回 RecordsetOpenFailed。

（3）如果成功打开数据集，编辑记录集，更新记录集中线的索引数据，返回 Success。

2）修改线的点坐标

【函数原型】long UpdateLinData(long ID, D_DOT * LinDot, long DotNum)。

【参数说明】ID 为需要修改的线记录的 ID 号；LinDot 为线的节点坐标；DotNum 为线的节点数目。

【实现过程】（1）判断是否连接数据库，如果没有连接则返回 DataBaseIsNotOpen。

（2）如果已经连接数据库，则执行查询语句，打开记录集，如果打开记录集不成功则返回 RecordsetOpenFailed。

（3）如果成功打开记录集，编辑记录集，更新记录集中线的节点数据和线的外包络矩形数据；判断线的外包络矩形是否在线的总外包络矩形外面，如果在则更新总外包络矩形。

4. 上机指南

（1）启动 Visual Studio 2010，在练习 20 的成果下进行操作。

（2）添加修改指定 ID 的线的参数的接口函数。

① 在 DataBaseDLL.h 中添加如下函数声明。

```
extern "C" _declspec(dllexport) long UpdateLinParameter(long ID, LIN_NDX_
STRU LinNdx);
```

② 在 DataBaseDLL.cpp 中添加如下函数定义。

```
long UpdateLinParameter(long ID, LIN_NDX_STRU LinNdx)
{
    long result;
    if(Gdb.IsOpen())
    {
        CString sql;
        sql.Format(_T("SELECT* FROM LIN_Table where ID=%d"),ID);
        CLinRecordset rs;
        if(!rs.open(sql))              //打开数据库线表中指定 ID 的记录
        returnRecordsetOpenFailed;
        rs.Edit();                     //数据编辑
        rs.m_Color=LinNdx.color;       //线颜色
        rs.m_DotNum=LinNdx.dotNum;     //线节点数
        rs.m_IsDel=LinNdx.isDel;       //线删除标记
        rs.m_Pattern=LinNdx.pattern;   //线型
        rs.Update();                   //记录更新
        rs.Close();
        result=Success;
    }
    else
```

```
        {
            MessageBox(NULL,_T("数据库连接失败!"),_T("错误"),0);
            result=DataBaseIsNotOpen;
        }
        return result;
    }
```

（3）添加修改指定 ID 的线的点坐标的接口函数。

① 在 DataBaseDLL.h 中添加如下函数声明。

```
extern "C" _declspec(dllexport) long UpdateLinData(long ID, D_DOT* LinDot,
long DotNum);
```

② 在 DataBaseDLL.cpp 中添加如下函数定义。

```
long UpdateLinData(long ID, D_DOT* LinDot,long DotNum)
{
    long result;
    if(Gdb.IsOpen())
    {
        CString sql;
        sql.Format(_T("SELECT*FROM LIN_Table where ID=%d"),ID);
        CLinRecordset rs;
        if(!rs.open(sql))                  //打开数据库线表中指定 ID 的记录
        returnRecordsetOpenFailed;
        D_RECT ExternalRect;
        CalculateExternalRect(LinDot,DotNum,&ExternalRect);    //获取线外包矩形
        rs.Edit();                         //数据编辑
        memcpy_s(rs.m_Dot.GetData(),DotNum*sizeof(D_DOT),LinDot,
        DotNum*sizeof(D_DOT));             //拷贝线的节点数据
        //设置此记录线的外包矩形
        rs.m_MaxX=ExternalRect.max_x;
        rs.m_MaxY=ExternalRect.max_y;
        rs.m_MinX=ExternalRect.min_x;
        rs.m_MinY=ExternalRect.min_y;
        rs.Update();                       //记录更新
        rs.Close();
        result=Success;
        D_RECT*ptrc=(D_RECT*)malloc(sizeof(D_RECT));
        result=GetAllLinRect(ptrc);   //获取总表中线的外包矩形
    if(ptrc&&(ExternalRect.min_x<ptrc->min_x||ExternalRect.min_y<ptrc
    ->min_y||ExternalRect.max_x>ptrc->max_x||ExternalRect.max_y> ptrc
    ->max_y))
        {
```

```
        D_RECT Rect=MergeExternalRect(*ptrc,ExternalRect);   //合并矩形
        result=UpdateAllLinRect(&Rect);   //更新总表中线的外包矩形
    }
    free(ptrc);
}
else
{
    MessageBox(NULL,_T("数据库连接失败!"),_T("错误"),0);
    result= DataBaseIsNotOpen;
}
return result;
}
```

（4）编译代码。

练习 22：实现"移动线"功能

1. 练习内容（反复练习下列内容，达到练习目标）

（1）复习寻找最近线函数，消除原位置的线，在新位置画线的过程。

（2）练习更新数据库中线表的线数据。

（3）练习调用左键拖动线跟随移动的接口函数，实现移动线功能。

2. 练习目标（练习结束时请在达到的目标前加"√"）

（1）掌握调用移动线的接口函数。

（2）掌握实现移动线的过程和方法。

3. 操作说明及要求

（1）该功能实现移动视图窗口中的指定线。

（2）执行"移动线"功能时，按下鼠标左键选中离鼠标位置最近的线，然后鼠标拖动被选中的线，当鼠标左键弹起时更改选中线的数据，完成移动线的功能操作。

4. 实现过程说明

该功能的实现需要修改下列四个消息响应函数。

第一个是"线编辑"→"移动线"菜单命令处理函数 OnLineMove，在函数中设置相应的操作状态。

第二个是鼠标左键按下消息响应函数 OnLButtonDown，在该函数中添加针对移动线操作状态的代码，实现如下流程。

（1）从数据库中查找最近的线。

（2）将鼠标位置记录为"鼠标上一位置"。

第三个是鼠标左键拖动消息响应函数 OnMouseMove，在该函数中添加对应的代码，实现如下流程。

（1）清除相对于"鼠标上一位置"处的线。

（2）记录当前位置为"鼠标当前位置"，相对于"鼠标当前位置"重新绘制线。

（3）将鼠标当前位置记录为"鼠标上一位置"。

第四个是鼠标左键弹起消息响应函数 OnLButtonUp，在该函数中实现如下流程：根据线的移动偏移量，计算和更改线上的点数据。

为了实现上述流程，还需编写调用"修改线"接口的函数 Load_DBDll_UpdateLinData()、Load_DBDll_UpdateLinParameter()。

5. 上机指南

（1）启动 Visual Studio 2010，在练习 21 的成果下进行操作。

（2）添加全局变量。在 MapEditorView.cpp 中添加如下全局变量。

```
CPoint GLinLBDPnt(-1,-1);    //记录鼠标左键按下的位置，用来计算偏移量
CPoint GLinMMPnt(-1,-1);     //记录鼠标移动时的上一状态，用来擦除移动时的前一条线
long GLinMMOffsetX=0;        //记录鼠标移动时候的 X 轴的偏移量
long GLinMMOffsetY=0;        //记录鼠标移动时候的 Y 轴的偏移量
```

（3）添加调用"修改线"接口的函数。

① 在 LoadDll.h 中添加如下函数声明。

```
long Load_DBDll_UpdateLinParameter(long ID,LIN_NDX_STRU LinNdx);   //修改线
参数
long Load_DBDll_UpdateLinData(long ID, D_DOT* LinDot,long DotNum);   //修改
线的点坐标
```

② 在 LoadDll.cpp 中添加如下函数定义。

```
long Load_DBDll_UpdateLinParameter(long ID,LIN_NDX_STRU LinNdx)
{
    typedef long (*lpFun)(long, LIN_NDX_STRU);
    lpFun UpdateLinParameter=(lpFun)GetProcAddress(GhDll,"UpdateLinParameter");
    if (NULL==UpdateLinParameter)
        return GetProcAddressFailed;
    return UpdateLinParameter(ID, LinNdx);
}
long Load_DBDll_UpdateLinData(long ID, D_DOT* LinDot,long DotNum)
{
    typedef long (*lpFun)(long, D_DOT*, long);
    lpFun UpdateLinData=(lpFun)GetProcAddress(GhDll,"UpdateLinData");
    if (NULL==UpdateLinData)
        return GetProcAddressFailed;
    return UpdateLinData(ID, LinDot,DotNum);
}
```

小提示：在"移动线"的功能中只调用了"修改线的点坐标"的接口函数，"修改线参数"的接口函数可在提高练习修改线的参数中调用。

（4）修改"线编辑"→"移动线"菜单项的事件处理程序，在 OnLineMove（）中添加如下代码。

```
if(GOpenDataBase)
{
    Gtype= OPERSTATE_MOVE_LIN;    //设置"移动线"操作状态
}
```

（5）完善鼠标左键按下的消息响应函数。在 MapEditorView.cpp 鼠标左键按下的消息响应函数 OnLButtonDown(UINT nFlags，CPOint point)中添加如下 case 语句。

```
case OPERSTATE_MOVE_LIN:                          //移动线
    GLinNdx=FindLin(point,GFindLin);             //查找线
    if(GLinNdx!=-1)
    {
        GTLinDot=new D_DOT[GFindLin.dotNum];    //线节点数
        Load_DBDll_GetLin(GLinNdx,&GFindLin,GTLinDot);  //获取线数据
        GLinLBDPnt=point;
        GLinMMPnt=point;
        GLinMMOffsetX=0;
        GLinMMOffsetY=0;
    }
    break;
```

（6）完善鼠标移动的消息响应函数。在 MapEditorView.cpp 鼠标移动的消息响应函数 OnMouseMove(UINT nFlags，CPoint point)中添加如下 case 语句。

```
case OPERSTATE_MOVE_LIN:                          //移动线
    if(GLinNdx!=-1)
    {
        CClientDC dc(this);
        dc.SetROP2(R2_NOTXORPEN);                //设置异或模式
        POINT point1,point2;
        //擦除原来的线
        for(int i=0;i<GFindLin.dotNum-1;++i)
        {
            DotToPnt(point1,GTLinDot[i]);
            DotToPnt(point2,GTLinDot[i+1]);
            point1.x+=GLinMMOffsetX;
            point1.y+=GLinMMOffsetY;
            point2.x+=GLinMMOffsetX;
            point2.y+=GLinMMOffsetY;
            DrawSeg(&dc,GFindLin,point1,point2);
        }
```

```
//计算偏移量
GLinMMOffsetX=GLinMMOffsetX+point.x-GLinMMPnt.x;
GLinMMOffsetY=GLinMMOffsetY+point.y-GLinMMPnt.y;
//在新的位置绘制一条新的线段
for(int i=0;i<GFindLin.dotNum-1;i++)
{
    DotToPnt(point1,GTLinDot[i]);
    DotToPnt(point2,GTLinDot[i+1]);
    point1.x+=GLinMMOffsetX;
    point1.y+=GLinMMOffsetY;
    point2.x+=GLinMMOffsetX;
    point2.y+=GLinMMOffsetY;
    DrawSeg(&dc,GFindLin,point1,point2);
}
GLinMMPnt=point;
ReleaseDC(&dc);
}
break;
```

（7）完善鼠标左键弹起的消息响应函数。在 MapEditorView.cpp 鼠标左键弹起的消息响应函数 OnLButtonUp(UINT nFlags，CPOint point)中添加如下 case 语句。

```
case OPERSTATE_MOVE_LIN://移动线
if(GLinNdx!=-1)
{
    //根据偏移量更新数据库中线的点数据
    long offset_x=point.x-GLinLBDPnt.x;
    long offset_y=point.y-GLinLBDPnt.y;
    for(int i=0;i<GFindLin.dotNum;++i)
    {
        GTLinDot[i].x+=offset_x;
        GTLinDot[i].y+=offset_y;
    }
    Load_DBDll_UpdateLinData(GLinNdx,GTLinDot,GFindLin.dotNum);
    GLinNdx=-1;
    delete[] GTLinDot;
    GLinMMOffsetX=0;
    GLinMMOffsetY=0;
}
break;
```

（8）单击"生成"菜单下的"重新生成解决方案"菜单项，再单击"调试"菜单下"启动调试"菜单项，查看运行结果。

练习 23：实现"添加区"接口

1. 练习内容（反复练习下列内容，达到练习目标）

（1）复习数据结构（区结构）的定义，数组（多个点）的定义。

（2）复习 CRecordset 类派生和绑定列的函数 DoFieldExchange() 的用法。

（3）理解并掌握 m_nFields 属性和 m_pDatabase 属性的作用。

（4）巩固 CRecordset 类与其 GetFieldValue 函数的使用。

（5）复习通过重载 CRecordset 类的方法添加新记录的过程。

（6）复习数据库中 Imag 类型的点集数据存储方法。

（7）了解区的外包络矩形框的定义。

2. 练习目标（练习结束时请在达到的目标前加"√"）

（1）掌握区结构的定义和区外包络矩形框的定义。

（2）掌握 m_nFields 属性和 m_pDatabase 属性的作用。

（3）掌握通过重载 CRecordset 类的方法添加新记录的过程。

（4）掌握数据库中 Imag 类型的点集数据存储方法。

（5）巩固 CRecordset 类派生和绑定列的函数 DoFieldExchange() 的用法。

3. 接口说明

"添加区"接口的功能是将客户区绘制的区图元的数据信息添加到数据库区数据表中。

【函数原型】long AddReg(D_DOT * Dot, REG_NDX_STRU Reg)。

【参数说明】Dot 为输入的添加区的节点坐标数据；Reg 为输入的添加区的索引数据。

【实现过程】（1）在 REG_Table 中添加一条新的区数据的记录。

（2）从 INT_Table 中获取所有区的外包络矩形。

（3）判断新添加的区是否在外包络矩形外，若是则扩大外包络矩形并更新 INT_Table 中的数据。

（4）获取 REG_Table 中的最大 ID，并更新 INT_Table 中的 MaxID 数据。

为了实现以上功能，还需实现以下流程。

（1）派生一个记录集 CRecordset 类的子类 CRegRecordset，绑定 REG_Table 表中的每一列。

（2）添加获取 REG_Table 中最大 ID 的函数：GetMaxIDFromRegTable(long * MaxID)。

4. 上机指南

（1）启动 Visual Studio 2010，在练习 22 的成果下进行操作。

（2）添加区结构的结构定义。在 MyDataType.h 的宏定义中添加如下代码。

```
typedef struct Region{
BYTE                isDel;              //是否被删除
```

```
COLORREF          color;              //区颜色
int               pattern;            //区型(号)
long              dotNum;             //区坐标点数
}REG_NDX_STRU;
```

（3）派生记录集的子类 CRegRecordset。

① 在 DataBaseDLL.h 中添加类的声明。

```
class CRegRecordset: public CRecordset
{
public:
    CByteArray        m_Dot;
    int               m_Pattern;
    long              m_Color;
    long              m_DotNum;
    BYTE              m_IsDel;
    long              m_ID;
    double            m_MaxX;
    double            m_MaxY;
    double            m_MinX;
    double            m_MinY;
public:
    bool open(CString sql);                        //新添加的类的成员函数
    void DoFieldExchange(CFieldExchange*pFX);      //重写继承的成员函数
};
```

② 实现列的绑定。在 DataBaseDLL.cpp 中对绑定列的函数 DoFieldExchange() 添加如下函数定义。

```
void CRegRecordset::DoFieldExchange(CFieldExchange* pFX)
{
    pFX->SetFieldType(CFieldExchange::outputColumn);
    RFX_Long(pFX,_T("[ID]"),m_ID);
    RFX_Long(pFX,_T("[DotNum]"),m_DotNum);
    RFX_Binary(pFX,_T("[Dot]"),m_Dot, 8000);
    RFX_Int(pFX,_T("[Pattern]"),m_Pattern);
    RFX_Long(pFX,_T("[Color]"),m_Color);
    RFX_Byte(pFX,_T("[IsDel]"),m_IsDel);
    RFX_Double(pFX,_T("[MinX]"),m_MinX);
    RFX_Double(pFX,_T("[MinY]"),m_MinY);
    RFX_Double(pFX,_T("[MaxX]"),m_MaxX);
    RFX_Double(pFX,_T("[MaxY]"),m_MaxY);
}
```

③ 实现新添加的类的成员函数。在 DataBaseDLL. cpp 中添加如下函数定义。

```
bool   CRegRecordset::open(CString sql)
{
    this->m_nFields=10;
    this->m_pDatabase=&Gdb;
    if(! this->Open(dynaset,sql))
    return false;
    return true;
}
```

（4）添加获取 REG_Table 中最大 ID 的函数。

① 在 DataBaseDLL. h 中添加如下函数声明。

```
long GetMaxIDFromRegTable(long*MaxID);   //获取区最大 ID
```

② 在 DataBaseDLL. cpp 中添加如下函数定义。

```
long GetMaxIDFromRegTable(long*MaxID)
{
    long result;
    if(Gdb.IsOpen())
    {
        CString sql,str;
        sql.Format(_T("select ID=MAX(ID) from REG_Table"));
        CRecordset rs;
        rs.m_pDatabase=&Gdb;
        if(! rs.Open(CRecordset::dynamic,sql)) //打开查询区表中线最大 ID 记录
            return RecordsetOpenFailed;
        if(rs.GetRecordCount()!=0)
        {
            rs.GetFieldValue(_T("ID"),str);       //获取区最大 ID 值
            *MaxID=_ttol(str);
            result=Success;
        }
        else
            result=SelectFailed;
        rs.Close();
    }
    else
    {
        MessageBox(NULL,_T("数据库连接失败!"),_T("错误"),0);
        result=DataBaseIsNotOpen;
    }
    return result;
```

```
        }
```
（5）添加"添加区"接口。

① 在 DataBaseDLL. h 中添加如下函数声明。

```
    extern "C" _declspec(dllexport) long AddReg(D_DOT* Dot,REG_NDX_STRU Reg);
```

② 在 DataBaseDLL. cpp 中添加如下函数定义。

```
    long AddReg(D_DOT* Dot,REG_NDX_STRU Reg)
    {
        long result=0;
        CRegRecordset rs;
        if(Gdb.IsOpen())
        {
            if(! rs.open(_T("REG_Table")))        //打开数据库的区表记录集
                return RecordsetOpenFailed;
            D_RECT ExternalRect;
            CalculateExternalRect(Dot,Reg.dotNum,&ExternalRect);  //计算新区的外包络
            矩形
            rs.AddNew();                          //为添加新记录准备
            rs.m_Dot.SetSize(Reg.dotNum* sizeof(D_DOT));
            BYTE* RegDotData;
            RegDotData=rs.m_Dot.GetData();        //区节点数据
            memcpy_s(RegDotData, Reg.dotNum * sizeof(D_DOT), Dot, Reg.dotNum *
            sizeof(D_DOT));
            rs.m_DotNum=Reg.dotNum;
            rs.m_IsDel=Reg.isDel;
            rs.m_Color=Reg.color;
            rs.m_Pattern=Reg.pattern;
            rs.m_MaxX=ExternalRect.max_x;
            rs.m_MaxY=ExternalRect.max_y;
            rs.m_MinX=ExternalRect.min_x;
            rs.m_MinY=ExternalRect.min_y;
            rs.Update();                          //完成添加新记录
            rs.Close();                           //关闭区表记录集
            D_RECT*ptrc=(D_RECT*)malloc(sizeof(D_RECT));
            result=GetAllRegRect(ptrc);           //获取区的外包络矩形
            D_RECT Rect= MergeExternalRect(*ptrc,ExternalRect);  //合并外包络矩形
            free(ptrc);
            result=UpdateRegLNum(1);              //更新总表中区的逻辑数
            result=UpdateAllRegRect(&Rect);       //更新总表中区图元的外包络矩形
            long MaxID;
            result=GetMaxIDFromRegTable(&MaxID);  //获取区表中区图元的最大 ID
```

```
            result=UpdateRegMaxID(MaxID);        //更新总表中区的最大 ID
        }
        else
        {
            MessageBox(NULL,_T("数据库连接失败!"),_T("错误"),0);
            result=DataBaseIsNotOpen;
        }
    return result;
        }
```

（6）编译代码。

练习 24：实现"添加区"功能

1．练习内容（反复练习下列内容，达到练习目标）

（1）理解区的含义和区的数据结构，了解区数据和索引数据的区别。

（2）创建"区"结构，记录区坐标点。

（3）理解区数据结构定义、多区数组的定义和内存分配。

（4）练习画区绘图函数和"橡皮线"绘制方法。

（5）巩固 CPoint 与自定义点类型互相转换函数。

2．练习目标（练习结束时请在达到的目标前加"√"）

（1）掌握区索引数据结构和点结构。

（2）掌握画区绘图函数。

（3）掌握画区的方法，实现把区数据存入数据库中。

（4）熟悉并掌握 CPoint 与自定义点类型互相转换函数。

3．操作说明及要求

（1）该功能实现在视图窗口中添加区。

（2）执行"造区"功能时，单击确定区的顶点，拖动鼠标制作出区，右击则结束造区，同时以之前鼠标左键弹起的位置为顶点，绘制一个区并将区数据存入数据库中。

（3）将右击前的一个节点作为区的结束点，如果区的点数少于 3 个则取消这次造区。

4．实现过程说明

该功能的实现需要修改下列四个消息响应函数。

第一个是"区编辑"→"造区"菜单命令处理函数 OnRegionCreate，在该函数中添加相应的操作状态。

第二个是鼠标左键弹起消息响应函数 OnLButtonUp，在函数中添加针对造区操作状态的代码，实现添加区的节点。

第三个是鼠标移动消息响应函数 OnMouseMove，在该函数中添加针对造区操作状态的代码，实现绘制跟随鼠标移动的区。

第四个是鼠标右击消息响应函数 OnRButtonUp，在函数中添加针对造区操作状态的代码,实现结束造区,并保存区的相关数据。

为了实现上述过程,还需要做如下准备。

(1) 添加绘制区的函数 DrawReg()。

(2) 添加调用"添加区"接口的函数 Load_DBDll_AddReg()。

5. 上机指南

(1) 启动 Visual Studio 2010,在练习 23 的成果下进行操作。

(2) 添加全局变量。在 MapEditorView.cpp 中添加如下全局变量。

```
REG_NDX_STRU GReg={
    GReg.isDel=0,
    GReg.color=RGB(0,0,0),
    GReg.pattern=0,
    GReg.dotNum=0
};
REG_NDX_STRU GTReg;    //临时区
D_DOT* GTRegDot;    //存取区的点坐标
int GRegDotSize=10;    //数组的大小
CPoint GRegCreateMMPnt(-1,-1);    //记录鼠标移动前的坐标
```

(3) 添加绘制区的函数。

① 在 Paint.h 中添加如下函数声明。

```
void DrawReg(CClientDC* dc, REG_NDX_STRU reg,POINT* pt,long nPnt);
```

② 在 Paint.cpp 中添加如下函数定义。

```
void DrawReg(CClientDC* dc, REG_NDX_STRU reg,POINT* pt,long nPnt)
{
    CBrush brush(reg.color);
    CPen pen(PS_SOLID, 1, reg.color);
    CObject* oldObject;
    oldObject=dc->SelectObject(&pen);
    switch(reg.pattern)
    {
        case 0://实心
            oldObject= dc->SelectObject(&brush);
            break;
        case 1:
            break;
        default:
            break;
    }
    dc->Polygon(pt,nPnt);
    dc->SelectObject(&oldObject);
```

```
    }
```

（4）添加调用"添加区"接口的函数。

① 在 LoadDll.h 中添加如下函数声明。

```
long Load_DBDll_AddReg(D_DOT*Dot,REG_NDX_STRU Reg);
```

② 在 LoadDll.cpp 文件中添加如下函数定义。

```
long Load_DBDll_AddReg(D_DOT*Dot,REG_NDX_STRU Reg)
{
    typedef long (*lpFun)(D_DOT*,REG_NDX_STRU);
    lpFun AddReg=(lpFun)GetProcAddress(GhDll,"AddReg");
    if(NULL==AddReg)
        return GetProcAddressFailed;
    return AddReg(Dot,Reg);
}
```

（5）修改"区编辑"→"造区"菜单项的事件处理程序，在 OnRegionCreate()中添加如下代码。

```
if(GOpenDataBase)
{
    Gtype= OPERSTATE_INPUT_REG;    //设置"造区"操作状态
}
```

（6）完善鼠标左键弹起的消息响应函数。在 MapEditorView.cpp 鼠标左键弹起的消息响应函数 OnLButtonUp(UINT nFlags，CPOint point)中添加如下 case 语句。

```
case OPERSTATE_INPUT_REG:  //造区
    if(GTReg.dotNum==0)
        GTRegDot=new D_DOT[GRegDotSize];
    if(GRegDotSize<=GTReg.dotNum)
    {
        GRegDotSize+=10;
        D_DOT*tdot=new D_DOT[GRegDotSize];
    memcpy_s(tdot,sizeof(D_DOT)*GTReg.dotNum,GTRegDot,
    sizeof(D_DOT)*GTReg.dotNum);
        delete []GTRegDot;
        GTRegDot=tdot;    //临时区节点数据
    }
    if(GRegCreateMMPnt.x==-1 && GRegCreateMMPnt.y==-1)
        GRegCreateMMPnt=point;
    PntToDot(GTRegDot[GTReg.dotNum],point);
    ++GTReg.dotNum;        //临时区节点数加 1
    break;
```

（7）完善鼠标移动的消息响应函数。在 MapEditorView.cpp 鼠标移动的消息响应函数 OnMouseMove(UINT nFlags，CPOint point)中添加如下 case 语句。

```
case OPERSTATE_INPUT_REG:                    //造区
    if(GRegCreateMMPnt.x!=-1&&GRegCreateMMPnt.y!=-1)
    {
        CClientDC dc(this);              //获得本窗口或当前活动视图
        dc.SetROP2(R2_NOTXORPEN);    //设置异或模式画区
        LIN_NDX_STRU tln={tln.pattern=GTReg.pattern,tln.color=GTReg.
color};
        if(GTReg.dotNum==1)
        {
            POINT Dot;
            DotToPnt(Dot,GTRegDot[GTReg.dotNum-1]);
            DrawSeg(&dc,tln,Dot,GRegCreateMMPnt);
            DrawSeg(&dc,tln,Dot,point);
        }
        else
        {
            POINT*pnt=new POINT[GTReg.dotNum+1];
            DotToPnt(pnt,GTRegDot,GTReg.dotNum);
            pnt[GTReg.dotNum]=GRegCreateMMPnt;
            DrawReg(&dc,GTReg,pnt,GTReg.dotNum+1);
            pnt[GTReg.dotNum]=point;
            DrawReg(&dc, GTReg,pnt,GTReg.dotNum+1);
            delete[] pnt;
        }
    }
    GRegCreateMMPnt=point;
    break;
```

（8）完善鼠标右键弹起的消息响应函数。在 MapEditorView. cpp 鼠标右键弹起的消息响应函数 OnRButtonUp(UINT /＊nFlags＊/，CPoint point)中添加如下 case 语句。

```
case OPERSTATE_INPUT_REG:                         //造区
    if(GTReg.dotNum>=3)
    {
        Load_DBDll_AddReg(GTRegDot,GTReg);   //将临时区数据存入数据库
        GRegLNum++;                           //区逻辑数加 1
    }
    LIN_NDX_STRU tln={tln.pattern=GTReg.pattern,tln.color=GTReg.
    color};
    if(GTReg.dotNum==1)
    {
```

```
        POINT Dot;
        DotToPnt(Dot,GTRegDot[0]);
        DrawSeg(&dc,tln,Dot,point);
    }
    else if(GTReg.dotNum>=2)
    {
        POINT RegDot[3];
        RegDot[0]=point;
        DotToPnt(RegDot[1],GTRegDot[0]);
        DotToPnt(RegDot[2],GTRegDot[GTReg.dotNum-1]);
        DrawReg(&dc,GTReg,RegDot,3);
        POINT Dot;
        DotToPnt(Dot,GTRegDot[1]);
        DrawSeg(&dc,tln,RegDot[1],Dot);
    }
    memcpy_s(&GTReg,sizeof(REG_NDX_STRU),&GReg,sizeof(REG_NDX_STRU));
    GRegCreateMMPnt.SetPoint(-1,-1);
    delete []GTRegDot;
    GRegDotSize=10;
break;
```

（9）单击"生成"菜单下的"重新生成解决方案"菜单项,再单击"调试"菜单下"启动调试"菜单项,查看运行结果。运行程序后,先连接数据库,然后进行"造区"操作,"造区"功能实现效果如图 3.27 所示。

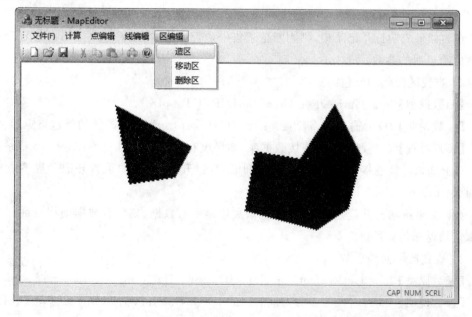

图 3.27　"造区"功能实现效果

练习 25：实现"查找区"接口

1. 练习内容（反复练习下列内容，达到练习目标）

（1）练习用数据库表的主键（区 ID）获取区的内容。

（2）复习利用重载的记录集类来获取数据库中指定字段。

（3）复习 memcpy_s 函数的用法。

（4）复习如何得到数据库中 image 类型字段数据。

2. 练习目标（练习结束时请在达到的目标前加"√"）

（1）熟练掌握通过数据表的主键获取区数据的方法。

（2）熟练掌握通过重载的记录集类获取数据库中指定字段的方法。

（3）熟练掌握 memcpy_s 函数的用法。

（4）熟练掌握得到数据库中 image 类型字段数据的方法。

3. 接口说明

"查找区"接口的功能是查找区数据表中的指定 ID 的记录。其中分为"查找区图元的参数和点坐标"、"查找区图元的外包络矩形"、"查找区图元的点数"三个接口。

1）查找区图元的参数和点坐标

【函数原型】long GetReg(long ID,REG_NDX_STRU * Reg,D_DOT * Dot)。

【参数说明】ID 为输入的需要查询的区的 ID 号；Reg 为返回区索引数据；Dot 为返回的区的点坐标数据。

【实现过程】（1）判断是否连接数据库，如果没有连接则返回 DataBaseIsNotOpen。

（2）如果已经连接数据库，则执行查询语句，打开记录集，如果打开记录集不成功则返回 RecordsetOpenFailed。

（3）如果成功打开记录集，则判断记录集中是否有数据，如果有数据则将查询到的数据赋值给返回的参数。

2）查找区图元的外包络矩形

【函数原型】long GetRegRect(long ID,D_RECT * ptrc)。

【参数说明】ID 为输入的需要查询的区的 ID 号；ptrc 为返回的区的外包络矩形。

【实现过程】（1）判断是否连接数据库，如果没有连接则返回 DataBaseIsNotOpen。

（2）如果已经连接数据库，则执行查询语句，打开记录集，如果打开记录集不成功则返回 RecordsetOpenFailed。

（3）如果成功打开记录集，则判断记录集中是否有数据，如果有数据则将查询到的数据赋值给返回的参数。

3）查找区图元的点数

【函数原型】long GetRegDotNum(long ID,long * DotNum)。

【参数说明】ID 为输入的需要查询的区的 ID 号；DotNum 为返回的区的节点数目。

【实现过程】（1）判断是否连接数据库，如果没有连接则返回 DataBaseIsNotOpen。

（2）如果已经连接数据库，则执行查询语句，打开记录集，如果打开记录集不成功则返回 RecordsetOpenFailed。

（3）如果成功打开记录集，则判断记录集中是否有数据，如果有数据则将查询到的数据赋值给返回的参数。

4. 上机指南

（1）启动 Visual Studio 2010，在练习 24 的成果下进行操作。

（2）添加获取指定 ID 的区索引数据和区的点坐标的接口函数。

① 在 DataBaseDLL.h 中添加如下函数声明。

```
extern "C" _declspec(dllexport) long GetReg(long ID,REG_NDX_STRU* Reg,D_
DOT* Dot);
```

② 在 DataBaseDLL.cpp 中添加如下函数定义。

```
long GetReg(long ID,REG_NDX_STRU* Reg,D_DOT* Dot)
{
  long result;
  if(Gdb.IsOpen())
  {
      CString sql;
      sql.Format(_T("select* from REG_Table where ID=%d"),ID);
      CRegRecordset rs;
      if(! rs.open(sql))//打开查询区表指定 ID 的记录
          return RecordsetOpenFailed;
      if(rs.GetRecordCount()!=0)
      {//获取指定 ID 记录中各个字段的值,返回区数据
          Reg->color=rs.m_Color;
          Reg->dotNum=rs.m_DotNum;
          Reg->isDel=rs.m_IsDel;
          Reg->pattern=rs.m_Pattern;
          if(Dot)
          {
              memcpy_s(Dot,Reg->dotNum* sizeof(D_DOT),rs.m_Dot.GetData(),
              Reg->dotNum* sizeof(D_DOT));
          }
          result=Success;
      }
      else
          result=SelectFailed;
      rs.Close();
  }
  else
```

```
        {
            MessageBox(NULL,_T("数据库连接失败!"),_T("错误"),0);
            result=DataBaseIsNotOpen;
        }
        return result;
    }
```

（3）添加获取指定 ID 的区的外包络矩形的接口函数。

① 在 DataBaseDLL. h 中添加如下函数声明。

```
    extern "C" _declspec(dllexport) long GetRegRect(long ID,D_RECT* ptrc);
```

② 在 DataBaseDLL. cpp 中添加如下函数定义。

```
    long GetRegRect(long ID,D_RECT* ptrc)
    {
        long result;
        if(Gdb.IsOpen())
        {
            CString sql;
            sql.Format(_T("select* from REG_Table where ID=%d"),ID);
            CRegRecordset rs;
            if(! rs.open(sql))//打开查询区表指定 ID 的记录
                return RecordsetOpenFailed;
            if(rs.GetRecordCount()!=0)
            {//获取指定 ID 记录中区外包络矩形的值
                ptrc->min_x=rs.m_MinX;
                ptrc->min_y=rs.m_MinY;
                ptrc->max_x=rs.m_MaxX;
                ptrc->max_y=rs.m_MaxY;
                result=Success;
            }
            else
                result=SelectFailed;
            rs.Close();
        }
        else
        {
            MessageBox(NULL,_T("数据库连接失败!"),_T("错误"),0);
            result=DataBaseIsNotOpen;
        }
        return result;
    }
```

（4）添加获取指定 ID 的区的点数的接口函数。

① 在 DataBaseDLL.h 中添加如下函数声明。

```
extern "C" _declspec(dllexport) long GetRegDotNum(long ID,long* DotNum);
```

② 在 DataBaseDLL.cpp 中添加如下函数定义。

```
long GetRegDotNum(long ID,long* DotNum)
{
    long result;
    if(Gdb.IsOpen())
    {
        CString sql;
        sql.Format(_T("select* from REG_Table where ID=%d"),ID);
        CRegRecordset rs;
        if(! rs.open(sql))              //打开查询区表指定 ID 的记录
            return RecordsetOpenFailed;
        if(rs.GetRecordCount()!=0)
        {
            * DotNum=rs.m_DotNum;    //获取指定 ID 记录中区的点数
            result=Success;
        }
        else
            result=SelectFailed;
        rs.Close();
    }
    else
    {
        MessageBox(NULL,_T("数据库连接失败!"),_T("错误"),0);
        result=DataBaseIsNotOpen;
    }
    return result;
}
```

（5）编译代码。

练习 26：实现"删除区"接口

1. 练习内容（反复练习下列内容，达到练习目标）

（1）理解用修改删除标记的方式实现伪删除的原理。

（2）复习使用 SQL 根据区 ID 更新指定记录的字段内容。

（3）练习用修改删除标记的方式实现伪删除一个区。

2. 练习目标（练习结束时请在达到的目标前加"√"）

（1）理解伪删除的原理。

（2）掌握通过 SQL 更新指定记录内容的方法。

（3）掌握实现伪删除区的方法。

3. 接口说明

"删除区"接口的功能是修改指定 ID 的区记录的删除标记，实现伪删除。

【函数原型】long DeleteReg(long ID)。

【参数说明】输入的指定要删除的区 ID 号。

【实现过程】（1）判断是否连接数据库，如果没有连接则返回 DataBaseIsNotOpen。

（2）如果已经连接数据库，则执行更新删除标记语句，修改总表中区的逻辑数目。

（3）如果更新操作成功，则返回 Success。

4. 上机指南

（1）启动 Visual Studio 2010，在练习 25 的成果下进行操作。

（2）添加动态库中"删除区"接口函数。

① 打开 DataBaseDLL 项目中的 DataBaseDLL.h，添加如下函数声明。

```
extern "C" _declspec(dllexport) long DeleteReg(long ID);   //删除区
```

② 打开 DataBaseDLL 项目中的 DataBaseDLL.cpp，在其中添加如下函数定义。

```
long DeleteReg(long ID)
{
    long result;
    if(Gdb.IsOpen())
    {
        CString sql;
        sql.Format(_T("UPDATE REG_Table SET IsDel=1 where ID=%d"),ID);
        Gdb.ExecuteSQL(sql);   //执行更新区表中指定 ID 记录的删除标记的 SQL
        result=UpdateRegLNum(-1);   //更新总表中区的逻辑数
    }
    else
    {
        MessageBox(NULL,_T("数据库连接失败!"),_T("错误"),0);
        result=DataBaseIsNotOpen;
    }
    return result;
}
```

（3）编译代码。

练习 27：实现"删除区"功能

1. 练习内容（反复练习下列内容，达到练习目标）

（1）复习查找区的函数。

（2）复习在屏幕上消除区的方法（重绘法和异或消除法）。

（3）复习在内存中"删除区"数据，并变更区的个数。

2. 练习目标（练习结束时请在达到的目标前加"√"）

(1) 掌握查找区接口函数的定义和调用。

(2) 掌握在屏幕上删除区接口函数的定义和调用。

(3) 掌握伪删除区的原理和实现方法。

3. 操作说明及要求

(1) 该功能实现删除视图窗口中的指定区。

(2) 执行"删除区"功能时，根据鼠标左键弹起的鼠标位置落在区内的原则，选中要删除的区，并更新选中区数据库中的删除标记。

4. 实现过程说明

该功能的实现需要修改下列两个消息响应函数。

第一个是"区编辑"→"删除区"菜单命令处理函数 OnRegionDelete()，在函数中设置删除区相应的操作状态。

第二个是鼠标左键弹起消息响应函数 OnLButtonUp()，在该函数中添加针对删除区操作状态的代码，实现如下流程。

(1) 将鼠标左键弹起位置坐标转换为窗口坐标。

(2) 基于点是否在区内原则，从数据库的区表中查找最近的区。

(3) 修改数据库中选中区的删除标记。

(4) 将要删除的区用异或模式擦除。

为了实现以上功能，还需要做如下准备。

(1) 添加判断点是否在区内的函数 PtInPolygon()。

(2) 添加调用"查找区"接口的函数 Load_DBDll_GetReg()、Load_DBDll_GetRegDotNum()、Load_DBDll_GetRegRect()。

(3) 添加查找鼠标所在位置的区的函数 FindReg()。

(4) 添加调用"删除区"接口的函数 Load_DBDll_DeleteReg()。

(5) 添加调用"获取总表中区的最大 ID"接口的函数 Load_DBDll_GetRegMaxID (long * RegMaxID)。

5. 上机指南

(1) 启动 Visual Studio 2010，在练习 26 的成果下进行操作。

(2) 添加全局变量。在 MapEditorView.cpp 中添加如下全局变量。

```
REG_NDX_STRU GFindReg;   //找到的区
long GRegNdx=-1;         //找到的区的 ID
```

(3) 添加判断点是否在区内的函数。

① 在 Calculate.h 中添加如下函数声明。

```
bool PtInPolygon (CPoint p, D_DOT*ptPolygon, int nCount);
```

② 在 Calculate.cpp 中添加如下函数定义。

```
bool PtInPolygon (CPoint p, D_DOT*ptPolygon, int nCount)
```

```
    {
        int nCross=0;
        for (int i=0; i<nCount; i++)
        {
            D_DOT p1=ptPolygon[i];
            D_DOT p2=ptPolygon[(i+1)%nCount];
            //求解 y=p.y 与 p1p2 的交点
            if ( p1.y==p2.y)              //p1p2 与 y=p0.y 平行
                continue;
            if ( p.y<min(p1.y, p2.y))     //交点在 p1p2 延长线上
                continue;
            if ( p.y>=max(p1.y, p2.y))    //交点在 p1p2 延长线上
                continue;
            //求交点的 X 坐标
            double x=(double)(p.y-p1.y)*(double)(p2.x-p1.x)/(double)(p2.y-p1.y)+
    p1.x;
            if ( x>p.x )
                nCross++;                 //只统计单边交点
        }
        //单边交点为偶数,点在多边形之外
        return (nCross %2==1);
    }
```

(4) 添加调用"查找区"接口的函数。

① 在 LoadDll. h 中添加如下函数声明。

```
long Load_DBDll_GetRegDotNum(long ID,long* DotNum);
long Load_DBDll_GetReg(long ID,REG_NDX_STRU* Reg,D_DOT* Dot);
long Load_DBDll_GetRegRect(long ID,D_RECT* ptrc);
```

② 在 LoadDll. cpp 中添加如下函数定义。

```
long Load_DBDll_GetRegDotNum(long ID,long* DotNum)
{
    typedef long (*lpFun)(long,long*);
    lpFun GetRegDotNum=(lpFun)GetProcAddress(GhDll,"GetRegDotNum");
    if (NULL==GetRegDotNum)
        return GetProcAddressFailed;
    return GetRegDotNum(ID,DotNum);
}
long Load_DBDll_GetReg(long ID,REG_NDX_STRU* Reg,D_DOT* Dot)
{
    typedef long (*lpFun)(long,REG_NDX_STRU*,D_DOT*);
    lpFun GetReg=(lpFun)GetProcAddress(GhDll,"GetReg");
```

```
    if (NULL==GetReg)
        return GetProcAddressFailed;
    return GetReg(ID,Reg,Dot);
}
long Load_DBDll_GetRegRect(long ID,D_RECT*ptrc)
{
    typedef long (*lpFun)(long,D_RECT* );
    lpFun GetRegRect=(lpFun)GetProcAddress(GhDll,"GetRegRect");
    if (NULL==GetRegRect)
        return GetProcAddressFailed;
    return GetRegRect(ID,ptrc);
}
```

（5）添加调用"获取总表中区的最大 ID"接口的函数。

① 在 LoadDll.h 中添加如下函数声明。

```
long Load_DBDll_GetRegMaxID(long*RegMaxID);
```

② 在 LoadDll.cpp 中添加如下函数定义。

```
long Load_DBDll_GetRegMaxID(long*RegMaxID)
{
    typedef long (*lpFun)(long*);
    lpFun GetRegMaxID= (lpFun)GetProcAddress(GhDll,"GetRegMaxID");
    if (NULL==GetRegMaxID)
        return GetProcAddressFailed;
    return GetRegMaxID(RegMaxID);
}
```

（6）添加查找鼠标所在位置的区的函数。

① 在 Calculate.h 中添加如下函数声明。

```
long FindReg(CPoint point,REG_NDX_STRU &FindReg);
```

② 在 Calculate.cpp 中添加如下函数定义。

```
long FindReg(CPoint point,REG_NDX_STRU &FindReg)
{
    long MaxID;
    Load_DBDll_GetRegMaxID(&MaxID);                          //获取总表中区的最大 ID
    REG_NDX_STRU Reg;
    long ID=-1;
    bool FindFlag=false;                                     //查找标记
    for(long i=1;i<=MaxID;i++)
    {
        long DotNum;
        if(Load_DBDll_GetRegDotNum(i,&DotNum)&&FindFlag==false)
```

```
        {
            D_DOT* Dot=new D_DOT[DotNum];
            Load_DBDll_GetReg(i,&Reg,Dot);              //获取区数据
            if(!Reg.isDel)
            {
                FindFlag=PtInPolygon(point,Dot,DotNum);//点是否在区内
                if(FindFlag)
                {
                    ID=i;
                    memcpy_s(&FindReg,sizeof(REG_NDX_STRU),&Reg,
                    sizeof(REG_NDX_STRU));
                }
            }
            delete []Dot;
        }
    }
    return ID;
}
```

（7）添加调用"删除区"接口的函数。

① 在 LoadDll.h 中添加如下函数声明。

```
long Load_DBDll_DeleteReg(long ID);
```

② 在 LoadDll.cpp 中添加如下函数定义。

```
long Load_DBDll_DeleteReg(long ID)
{
    typedef long (*lpFun)(long);
    lpFun DeleteReg=(lpFun)GetProcAddress(GhDll,"DeleteReg");
    if (NULL==DeleteReg)
        return GetProcAddressFailed;
    long result=DeleteReg(ID);
    return result;
}
```

（8）修改"区编辑"→"删除区"菜单项的事件处理程序，在 OnRegionDelete（）中添加如下代码。

```
if(GOpenDataBase)
{
    Gtype= OPERSTATE_DELETE_REG;   //设置"删除区"操作状态
}
```

（9）完善鼠标左键弹起的消息响应函数。在 MapEditorView.cpp 鼠标左键弹起的消息响应函数 OnLButtonUp(UINT nFlags，CPOint point)中添加如下 case 语句。

```
case OPERSTATE_DELETE_REG://当前为删除区操作
        GRegNdx=FindReg(point,GFindReg);   //查找区
        if(GRegNdx!=-1)
        {
            GTRegDot=new D_DOT[GFindReg.dotNum];
            Load_DBDll_GetReg(GRegNdx,&GFindReg,GTRegDot);   //取区数据
            Load_DBDll_DeleteReg(GRegNdx);   //删除区(更新删除标记)
            POINT*Dot=new POINT[GFindReg.dotNum];
            DotToPnt(Dot,GTRegDot,GFindReg.dotNum);
            DrawReg(&dc,GFindReg,Dot,GFindReg.dotNum);   //擦除区
            GRegNdx=-1;
            delete []Dot;
            delete []GTRegDot;
            GRegLNum--;
        }
    break;
```

（10）单击"生成"菜单下的"重新生成解决方案"菜单项，再单击"调试"菜单下的"启动调试"菜单项，查看运行结果。

练习 28：实现"修改区"接口

1. 练习内容（反复练习下列内容，达到练习目标）

（1）了解修改区索引和区数据的区别。

（2）了解修改区数据和区索引的过程。

（3）复习用数据库的 SQL 查询语句查询指定记录。

（4）复习用重载的记录集类来更新数据库中指定字段的内容。

2. 练习目标（练习结束时请在达到的目标前加"√"）

（1）理解修改区索引和区数据的区别。

（2）掌握修改区数据和区索引的过程。

（3）巩固用数据库的 SQL 查询语句进行查询操作。

（4）巩固利用重载的记录集类来更新数据库中指定字段的内容的方法。

3. 接口说明

"修改区"接口的功能是修改区数据表中的指定 ID 的记录。其中分为"修改区参数"和"修改区的点坐标"接口。"修改区参数"是修改区的类型、颜色等参数；"修改区的点坐标"是修改区的点坐标和区图元的外包络矩形。

1）修改区参数

【函数原型】long UpdateRegParameter(long ID，REG_NDX_STRU RegNdx)。

【参数说明】ID 为输入的需要修改的区记录的 ID 号；RegNdx 为输入的区索引数据。

【实现过程】（1）判断是否连接数据库，如果没有连接则返回 DataBaseIsNotOpen。

（2）如果已经连接数据库，则执行查询语句，打开记录集，如果打开数据集不成功则返回 RecordsetOpenFailed。

（3）如果成功打开数据集，编辑记录集，更新记录集中区的索引数据，更新成功则返回 Success。

2）修改区的点坐标

【函数原型】long UpdateRegData(long ID，D_DOT * RegDot,long DotNum)。

【参数说明】ID 为需要修改的区记录的 ID 号；RegDot 为区的节点坐标；DotNum 为区的节点数目。

【实现过程】（1）判断是否连接数据库，如果没有连接则返回 DataBaseIsNotOpen。

（2）如果已经连接数据库，则执行查询语句，打开记录集，如果打开数据集不成功则返回 RecordsetOpenFailed。

（3）如果成功打开数据集，编辑记录集，更新记录集中区的节点数据和区的外包络矩形数据；判断区的外包络矩形是否在区的总外包络矩形外面，如果在则更新区的总外包络矩形。

4．上机指南

（1）启动 Visual Studio 2010，在练习 27 的成果下进行操作。

（2）添加修改指定 ID 的区的参数的接口函数。

① 在 DataBaseDLL.h 中添加如下函数声明。

```
extern "C" _declspec(dllexport) long UpdateRegParameter(long ID,REG_NDX_
STRU RegNdx);
```

② 在 DataBaseDLL.cpp 中添加如下函数定义。

```
long UpdateRegParameter(long ID,REG_NDX_STRU RegNdx)
{
    long result;
    if(Gdb.IsOpen())
    {
        CString sql;
        sql.Format(_T("SELECT* FROM REG_Table where ID=%d"),ID);
        CRegRecordset rs;
        if(! rs.open(sql))                      //打开数据库区表中指定 ID 的记录
            return RecordsetOpenFailed;
        rs.Edit();
        rs.m_Color=RegNdx.color;                //区颜色
        rs.m_DotNum=RegNdx.dotNum;              //区的顶点数
        rs.m_IsDel=RegNdx.isDel;                //区删除标记
        rs.m_Pattern=RegNdx.pattern;            //区型号
        rs.Update();                            //记录更新
        rs.Close();
```

```
        result=Success;
    }
    else
    {
        MessageBox(NULL,_T("数据库连接失败!"),_T("错误"),0);
        result=DataBaseIsNotOpen;
    }
    return result;
}
```

（3）添加修改指定 ID 的区的点坐标的接口函数。

① 在 DataBaseDLL. h 中添加如下函数声明。

```
extern "C" _declspec(dllexport) long UpdateRegData(long ID, D_DOT* RegDot,
long DotNum);
```

② 在 DataBaseDLL. cpp 中添加如下函数定义。

```
long UpdateRegData(long ID, D_DOT* RegDot,long DotNum)
{
    long result=0;
    if(Gdb.IsOpen())
    {
        CString sql;
        sql.Format(_T("SELECT* FROM REG_Table where ID=%d"),ID);
        CRegRecordset rs;
        if(! rs.open(sql))                  //打开数据库区表中指定 ID 的记录
            return RecordsetOpenFailed;
        D_RECT ExternalRect;
        CalculateExternalRect(RegDot,DotNum,&ExternalRect);   //获取区外包矩形
        rs.Edit();
        memcpy_s(rs.m_Dot.GetData(),DotNum* sizeof(D_DOT),RegDot,
        DotNum* sizeof(D_DOT));             //拷贝区的节点数据
        //设置此记录中区外包矩形
        rs.m_MaxX=ExternalRect.max_x;
        rs.m_MaxY=ExternalRect.max_y;
        rs.m_MinX=ExternalRect.min_x;
        rs.m_MinY=ExternalRect.min_y;
        rs.Update();                        //记录更新
        rs.Close();
        result=Success;
        D_RECT* ptrc=(D_RECT*)malloc(sizeof(D_RECT));
        result=GetAllRegRect(ptrc);         //获取总表中区外包络矩形
    if(ptrc&&(ExternalRect.min_x< ptrc->min_x||ExternalRect.min_y<ptrc
```

```
        ->min_y
          ||ExternalRect.max_x>ptrc->max_x||ExternalRect.max_y>ptrc->max_y))
            {
                D_RECT Rect=MergeExternalRect(*ptrc,ExternalRect);   //合并矩形
                result=UpdateAllRegRect(&Rect); //更新总表中区外包络矩形
            }
            free(ptrc);
        }
        else
        {
            MessageBox(NULL,_T("数据库连接失败!"),_T("错误"),0);
            result=DataBaseIsNotOpen;
        }
        return result;
    }
```

（4）编译代码。

练习 29：实现"移动区"功能

1. 练习内容（反复练习下列内容，达到练习目标）

（1）复习查找区函数、消除原位置区、在新位置画区的过程。

（2）复习更新数据库中区表的区数据。

（3）练习按住左键拖动区的函数，实现移动区功能。

2. 练习目标（练习结束时请在达到的目标前加"√"）

（1）掌握调用修改区的接口函数。

（2）掌握修改区的过程和方法。

3. 操作说明及要求

（1）该功能实现移动视图窗口中的指定区。

（2）执行"移动区"功能时，按下鼠标左键选中鼠标位置所在的区，拖动选中的区，鼠标左键弹起时更改选中区的数据。

4. 实现过程说明

该功能的实现需要修改下列四个消息响应函数。

第一个是"区编辑"→"移动区"菜单命令处理函数 OnRegionMove，在函数中设置相应的操作状态。

第二个是鼠标左键按下消息响应函数 OnLButtonDown，在该函数中添加针对移动区操作状态的代码，实现如下流程。

（1）将鼠标左键弹起位置的坐标转换为窗口坐标。

（2）基于点是否在区内原则，从数据库的区表中查找区。

（3）将鼠标位置记录为"鼠标上一位置"。

第三个是鼠标左键拖动消息响应函数 OnMouseMove，在该函数中添加对应的代码，实现如下流程。

（1）清除相对于"鼠标上一位置"处的区。

（2）记录当前位置为"鼠标当前位置"，相对于"鼠标当前位置"重新绘制区。

（3）将鼠标当前位置记录为"鼠标上一位置"。

第四个是鼠标左键弹起消息响应函数 OnLButtonUp，在该函数中添加对应的代码，实现如下流程。

（1）将区的移动偏移量经坐标转换为窗口坐标系下的值。

（2）根据区的移动偏移量，计算和更改数据库区表中区上的点数据。

为了实现以上流程，还需要编写调用"修改区"接口的函数 Load＿DBDll＿UpdateRegData( )、Load_DBDll_UpdateRegParameter( )。

5．上机指南

（1）启动 Visual Studio 2010，在练习 28 的成果下进行操作。

（2）添加全局变量。在 MapEditorView. cpp 中添加如下全局变量。

```
CPoint GRegLBDPnt(-1,-1);  //记录鼠标左键按下的位置,用来计算偏移量
CPoint GRegMMPnt(-1,-1);   //记录鼠标移动时的上一状态,用来擦除移动时前一个区
long GRegMMOffsetX=0;   //记录鼠标移动时候的 X 轴的偏移量
long GRegMMOffsetY=0;   //记录鼠标移动时候的 Y 轴的偏移量
```

（3）添加调用"修改区"接口的函数。

① 在 LoadDll. h 中添加如下函数声明。

```
long Load_DBDll_UpdateRegParameter(long ID,REG_NDX_STRU RegNdx);
long Load_DBDll_UpdateRegData(long ID, D_DOT*RegDot,long DotNum);
```

② 在 LoadDll. cpp 中添加如下函数定义。

```
long Load_DBDll_UpdateRegParameter(long ID,REG_NDX_STRU RegNdx)
{
    typedef long (*lpFun)(long, REG_NDX_STRU);
    lpFun UpdateRegParameter=(lpFun)GetProcAddress(GhDll,"UpdateRegParameter");
    if(NULL==UpdateRegParameter)
        return GetProcAddressFailed;
    return UpdateRegParameter(ID, RegNdx);
}
long Load_DBDll_UpdateRegData(long ID,D_DOT*RegDot,long DotNum)
{
    typedef long (*lpFun)(long,D_DOT*,long);
    lpFun UpdateRegData=(lpFun)GetProcAddress(GhDll,"UpdateRegData");
    if(NULL==UpdateRegData)
        return GetProcAddressFailed;
```

```
        return UpdateRegData(ID,RegDot,DotNum);
    }
```

小提示：在"移动区"的功能中只调用了修改区的点坐标的接口函数，修改区的参数的接口函数可在提高练习修改区参数中调用。

（4）修改"区编辑"→"移动区"菜单项的事件处理程序，在 OnRegionMove（）中添加如下代码。

```
if(GOpenDataBase)
{
    Gtype=OPERSTATE_MOVE_REG;    //设置"移动区"操作状态
}
```

（5）完善鼠标左键按下的消息响应函数。在 MapEditorView.cpp 鼠标左键按下的消息响应函数 OnLButtonDown(UINT nFlags，CPoint point)中添加如下 case 语句。

```
case OPERSTATE_MOVE_REG://当前为移动区操作
    GRegNdx=FindReg(point,GFindReg);    //查找区
    if(GRegNdx!=-1)
    {
        GTRegDot=new D_DOT[GFindReg.dotNum];
        Load_DBDll_GetReg(GRegNdx,&GFindReg,GTRegDot);    //获取区数据
        GRegLBDPnt=point;
        GRegMMPnt=point;
        GRegMMOffsetX=0;
        GRegMMOffsetY= 0;
    }
break;
```

（6）完善鼠标移动的消息响应函数。在 MapEditorView.cpp 鼠标移动的消息响应函数 OnMouseMove(UINT nFlags，CPoint point)中添加如下 case 语句。

```
case OPERSTATE_MOVE_REG:              //当前为移动区操作
if(GRegNdx!=-1)
{
    CClientDC dc(this);
    dc.SetROP2(R2_NOTXORPEN);    //设置异或模式
    POINT*pt=new POINT[GFindReg.dotNum];
    DotToPnt(pt,GTRegDot,GFindReg.dotNum);
    //擦除原来的区
    for(int i=0;i<GFindReg.dotNum;i++)
    {
        pt[i].x+=GRegMMOffsetX;
        pt[i].y+=GRegMMOffsetY;
    }
```

```
    DrawReg(&dc,GFindReg,pt,GFindReg.dotNum);
    //计算偏移量
    GRegMMOffsetX=GRegMMOffsetX+point.x-GRegMMPnt.x;
    GRegMMOffsetY=GRegMMOffsetY+point.y-GRegMMPnt.y;
    //在新的位置绘制一个新的区
    DotToPnt(pt,GTRegDot,GFindReg.dotNum);
    for(int i=0;i<GFindReg.dotNum;i++)
    {
        pt[i].x+=GRegMMOffsetX;
        pt[i].y+=GRegMMOffsetY;
    }
    DrawReg(&dc,GFindReg,pt,GFindReg.dotNum);
    GRegMMPnt=point;
    delete []pt;
    ReleaseDC(&dc);
}
    break;
```

（7）完善鼠标左键弹起的消息响应函数。在 MapEditorView.cpp 鼠标左键弹起的消息响应函数 OnLButtonUp(UINT nFlags，CPOint point)中添加如下 case 语句。

```
case OPERSTATE_MOVE_REG:            //当前为移动区操作
if(GRegNdx!=-1)
{
    if(GRegLBDPnt.x!=-1&&GRegLBDPnt.y!=-1)
    {
        long offset_x=point.x-GRegLBDPnt.x;
        long offset_y=point.y-GRegLBDPnt.y;
        for(int i=0;i<GFindReg.dotNum;++i)
        {
            GTRegDot[i].x+=offset_x;
            GTRegDot[i].y+=offset_y;
        }
        Load_DBDll_UpdateRegData(GRegNdx, GTRegDot,
        GFindReg.dotNum);            //根据偏移量更新数据库中的区数据
        GRegNdx=-1;
        delete []GTRegDot;
        GRegMMOffsetX=0;
        GRegMMOffsetY=0;
    }
}
    break;
```

（8）单击"生成"菜单下的"重新生成解决方案"菜单项,再单击"调试"菜单下的"启动调试"菜单项,查看运行结果。

练习 30：窗口重绘

1. 练习内容（反复练习下列内容,达到练习目标）

（1）了解窗口重绘的背景。

（2）复习 OnDraw 函数的调用过程。

（3）复习画点、画线和画区函数。

（4）练习显示所有点、线、区的过程和方法。

2. 练习目标（练习结束时请在达到的目标前加"√"）

（1）巩固点、线、区的绘制函数。

（2）掌握显示所有点、线、区的过程和方法。

（3）掌握窗口重绘的背景和实现过程。

3. 操作说明及要求

窗口重绘,目的是使窗口在刷新时也能显示数据库中的图元信息。

4. 实现过程说明

窗口重绘就是在 OnDraw() 函数中进行图元信息的绘制,为了实现此功能还需实现以下流程。

（1）编写绘制所有点数据的函数 ShowPnt。

（2）编写绘制所有线数据的函数 ShowLin。

（3）编写绘制所有区数据的函数 ShowReg。

5. 上机指南

（1）启动 Visual Studio 2010,在练习 29 的成果下进行操作。

（2）包含头文件。打开 MapEditor 工程的 Paint. h 文件,在宏定义里面包含 LoadDll. h 和 Calculate. h 这两个头文件。

（3）添加绘制所有点数据的函数。

① 在 Paint. h 中添加如下函数声明。

```
void ShowPnt(CClientDC*dc,BYTE isDel);
```

② 在 Paint. cpp 中添加如下函数定义。

```
void ShowPnt(CClientDC*dc,BYTE isDel)
{
    PNT_STRU Pnt;
    long MaxID;
    Load_DBDll_GetPntMaxID(&MaxID);    //获取总表中点的最大 ID
    for(long i=1;i<=MaxID;i++)
    {
```

```
        if(Load_DBDll_GetPnt(i,&Pnt)&&Pnt.isDel==isDel)
            DrawPnt(dc, Pnt);        //绘制未删除的点
    }
}
```

（4）添加绘制所有线数据的函数。

① 在 Paint. h 中添加如下函数声明。

```
void ShowLin(CClientDC*dc,BYTE isDel);
```

② 在 Paint. cpp 中添加如下函数定义。

```
void ShowLin(CClientDC*dc,BYTE isDel)
{
    LIN_NDX_STRU Lin;
    long MaxID;
    long DotNum;
    Load_DBDll_GetLinMaxID(&MaxID);    //获取总表中线的最大ID
    for(long i=1;i<=MaxID;i++)
    {
        if(Load_DBDll_GetLinDotNum(i,&DotNum))
        {
            D_DOT*Dot=new D_DOT[DotNum];
            if(Load_DBDll_GetLin(i,&Lin,Dot)&&Lin.isDel==isDel)
            {
                POINT*pt=new POINT[DotNum];
                DotToPnt(pt,Dot,DotNum);
                for(long i=0;i<DotNum-1;i++)
                    DrawSeg(dc,Lin,pt[i],pt[i+1]);    //绘制未删除的线
                delete []pt;
            }
            delete []Dot;
        }
    }
}
```

（5）添加绘制所有区数据的函数。

① 在 Paint. h 中添加如下函数声明。

```
void ShowReg(CClientDC*dc,BYTE isDel);
```

② 在 Paint. cpp 中添加如下函数定义。

```
void ShowReg(CClientDC*dc,BYTE isDel)
{
    REG_NDX_STRU Reg;
    long MaxID;
```

```
Load_DBDll_GetRegMaxID(&MaxID);    //获取总表中区的最大ID
for(long i=1;i<=MaxID;i++)
{
    long DotNum;
    if(Load_DBDll_GetRegDotNum(i,&DotNum))
    {
        D_DOT* Dot=new D_DOT[DotNum];
        if(Load_DBDll_GetReg(i,&Reg,Dot)&&Reg.isDel==isDel)
        {
            POINT* pt=new POINT[Reg.dotNum];
            DotToPnt(pt,Dot,Reg.dotNum);
            DrawReg(dc, Reg,pt,Reg.dotNum);    //绘制未删除的区
            delete []pt;
        }
        delete []Dot;
    }
}
```

（6）修改 OnDraw（）函数。在 MapEditorView.h 中找到 void CMapEditorView∷OnDraw(CDC * / * pDC * /)，在函数中原有代码的后面添加如下代码。

```
CRect mrect;
GetClientRect(&mrect);
CClientDC dc(this);
dc.FillSolidRect(0,0,mrect.Width(),mrect.Height(),dc.GetBkColor());
dc.SetROP2(R2_NOTXORPEN);
if(GOpenDataBase)
{
    ShowPnt(&dc,0);    //绘制所有未删除的点
    ShowLin(&dc,0);    //绘制所有未删除的线
    ShowReg(&dc,0);    //绘制所有未删除的区
}
ReleaseDC(&dc);
```

（7）单击"生成"菜单下的"重新生成解决方案"菜单项，再单击"调试"菜单下的"启动调试"菜单项，查看运行结果。如果数据库已存储有点、线、区数据，运行程序后单击"连接数据库"菜单项，连接数据库后在视窗中绘制数据库中所有的图形数据，如图 3.28 所示。

练习 31：实现"计算图形准确外包络矩形"功能

1. 练习内容（反复练习下列内容，达到练习目标）

（1）了解图形总外包络矩形框的计算过程。

（2）复习 Format 等函数的使用。

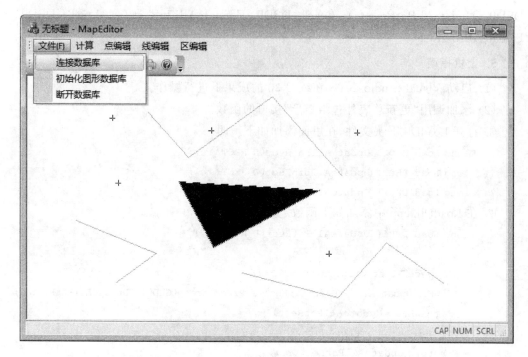

图 3.28　窗口重绘实现效果

2. 练习目标（练习结束时请在达到的目标前加"√"）

（1）掌握如何计算所有图形的外包络矩形框。

（2）巩固常用函数的调用方法。

3. 操作说明及要求

（1）该功能实现计算得到包括所有未被删除图元的总外包络矩形。

（2）执行"计算"→"外包络矩形"命令，在弹出的对话框中显示计算得到的所有图形的总外包络矩形的参数。

4. 实现过程说明

在计算图形准确外包络矩形的函数中实现如下流程。

（1）遍历数据库中所有未被删除的点图元的坐标，得到准确的所有点图元的外包络矩形，并对 INF_Table 进行更新。

（2）遍历数据库中所有未被删除的线图元的外包络矩形，得到准确的所有线图元的外包络矩形，并对 INF_Table 进行更新。

（3）遍历数据库中所有未被删除的区图元的外包络矩形，得到准确的所有区图元的外包络矩形，并对 INF_Table 进行更新。

（4）对前面计算得到的准确的所有点图元的外包络矩形、所有线图元的外包络矩形、所有区图元的外包络矩形进行计算，得到准确的所有图元的总外包络矩形。

为了实现上述过程还需要编写三个调用"更新总表外包络矩形"接口的函数：Load_

DBDll_ UpdateAllPntRect( )、Load _ DBDll _ UpdateAllLinRect( )、Load _ DBDll _ UpdateAllRegRect()。

5. 上机指南

(1) 启动 Visual Studio 2010,在练习 30 的成果下进行操作。

(2) 添加调用"更新总表外包络矩形"接口的函数。

① 打开 LoadDll. h 头文件,在里面添加如下声明。

```
long Load_DBDll_UpdateAllPntRect(D_RECT*rc);
long Load_DBDll_UpdateAllLinRect(D_RECT*rc);
long Load_DBDll_UpdateAllRegRect(D_RECT*rc);
```

② 在 LoadDll. cpp 中添加如下函数定义。

```
long Load_DBDll_UpdateAllPntRect(D_RECT*rc)
{
    typedef long (*lpFun)(D_RECT*);
    lpFun UpdateAllPntRect=(lpFun)GetProcAddress(GhDll,"UpdateAllPntRect");
    if(NULL==UpdateAllPntRect)
        return GetProcAddressFailed;
    return UpdateAllPntRect(rc);
}
long Load_DBDll_UpdateAllLinRect(D_RECT*rc)
{
    typedef long (*lpFun)(D_RECT*);
    lpFun UpdateAllLinRect=(lpFun)GetProcAddress(GhDll,"UpdateAllLinRect");
    if(NULL==UpdateAllLinRect)
        return GetProcAddressFailed;
    return UpdateAllLinRect(rc);
}
long Load_DBDll_UpdateAllRegRect(D_RECT*rc)
{
    typedef long (*lpFun)(D_RECT*);
    lpFun UpdateAllRegRect= (lpFun)GetProcAddress(GhDll,"UpdateAllRegRect");
    if(NULL==UpdateAllRegRect)
        return GetProcAddressFailed;
    return UpdateAllRegRect(rc);
}
```

(3) 添加计算图形准确外包络矩形的函数。

① 在 Calculate.h 中添加如下函数声明。

```
void GetAllExternalRect(D_RECT*Rect);
```

② 在 Calculate.cpp 中添加如下函数定义。

```
void GetAllExternalRect(D_RECT*Rect)
```

```
{
    D_RECT*ptrc=(D_RECT*)malloc(sizeof(D_RECT));
    PNT_STRU Pnt;
    long MaxID;
    Load_DBDll_GetPntMaxID(&MaxID);    //获取总表中点的最大ID
    D_RECT PntRect={-1,-1,-1,-1};
    //遍历数据库中未删除点,获得准确的点外包络矩形
    for(long i=1;i<=MaxID;i++)
    {
        if(Load_DBDll_GetPnt(i,&Pnt)&&Pnt.isDel==0)
        {
            if(PntRect.min_x==-1&&PntRect.min_y==-1&&PntRect.max_x==
            -1&&PntRect.max_y==-1)
            {
                PntRect.min_x=Pnt.x;
                PntRect.max_x=Pnt.x;
                PntRect.min_y=Pnt.y;
                PntRect.max_y=Pnt.y;
            }
            else
            {
                if(Pnt.y<PntRect.min_y)PntRect.min_y=Pnt.y;
                if(Pnt.y>PntRect.max_y)PntRect.max_y=Pnt.y;
                if(Pnt.x<PntRect.min_x)PntRect.min_x=Pnt.x;
                if(Pnt.x>PntRect.max_x)PntRect.max_x=Pnt.x;
            }
        }
    }
    Load_DBDll_UpdateAllPntRect(&PntRect);    //更新总表中点外包络矩形
    Load_DBDll_GetLinMaxID(&MaxID);           //获取总表中线最大ID
    D_RECT LinRect={-1,-1,-1,-1};
    LIN_NDX_STRU Lin;
    //遍历数据库中未删除线,获得准确的线外包络矩形
    for(long i=1;i<=MaxID;i++)
    {
        if(Load_DBDll_GetLinRect(i,ptrc)&&Load_DBDll_GetLin(i,&Lin,NULL)
        &&Lin.isDel==0)
        {
            if(LinRect.min_x==-1&&LinRect.max_x==-1&&LinRect.min_y==-1
            &&LinRect.min_y==-1)
```

```
        {
            LinRect.min_x=ptrc->min_x;
            LinRect.max_x=ptrc->max_x;
            LinRect.min_y=ptrc->min_y;
            LinRect.max_y=ptrc->max_y;
        }
        else
        {
            if(ptrc->min_x<LinRect.min_x)LinRect.min_x=ptrc->min_x;
            if(ptrc->min_y<LinRect.min_y)LinRect.min_y=ptrc->min_y;
            if(ptrc->max_x>LinRect.max_x)LinRect.max_x=ptrc->max_x;
            if(ptrc->max_y>LinRect.max_y)LinRect.max_y=ptrc->max_y;
        }
    }
}
Load_DBDll_UpdateAllLinRect(&LinRect);    //更新总表中线外包络矩形
Load_DBDll_GetRegMaxID(&MaxID);           //获取总表中区最大ID
D_RECT RegRect={-1,-1,-1,-1};
REG_NDX_STRU Reg;
//遍历数据库中未删除区,获得准确的区外包络矩形
for(long i=1;i<=MaxID;i++)
{
    if(Load_DBDll_GetRegRect(i,ptrc)&&Load_DBDll_GetReg(i,&Reg,NULL)
    &&Reg.isDel==0)
    {
        if(RegRect.min_x==-1&&RegRect.max_x==-1&&RegRect.min_y==-1
        &&RegRect.max_y==-1)
        {
            RegRect.min_x=ptrc->min_x;
            RegRect.max_x=ptrc->max_x;
            RegRect.min_y=ptrc->min_y;
            RegRect.max_y=ptrc->max_y;
        }
        else
        {
            if(ptrc->min_x<RegRect.min_x)RegRect.min_x=ptrc->min_x;
            if(ptrc->min_y<RegRect.min_y)RegRect.min_y=ptrc->min_y;
            if(ptrc->max_x>RegRect.max_x)RegRect.max_x=ptrc->max_x;
            if(ptrc->max_y>RegRect.max_y)RegRect.max_y=ptrc->max_y;
```

```
                }
            }
        }
        Load_DBDll_UpdateAllRegRect(&RegRect);  //更新总表中区外包络矩形
        //计算准确的所有图元的总外包络矩形
        PntRect.min_x<LinRect.min_x? Rect->min_x=PntRect.min_x:Rect->min_x=
        LinRect.min_x;
        PntRect.min_y<LinRect.min_y? Rect->min_y=PntRect.min_y:Rect->min_y=
        LinRect.min_y;
        PntRect.max_x>LinRect.max_x? Rect->max_x=PntRect.max_x:Rect->max_x=
        LinRect.max_x;
        PntRect.max_y>LinRect.max_y? Rect->max_y=PntRect.max_y:Rect->max_y=
        LinRect.max_y;
        if(RegRect.min_x<Rect->min_x)Rect->min_x=RegRect.min_x;
        if(RegRect.min_y<Rect->min_y)Rect->min_y=RegRect.min_y;
        if(RegRect.max_x>Rect->max_x)Rect->max_x=RegRect.max_x;
        if(RegRect.max_y>Rect->max_y)Rect->max_y=RegRect.max_y;
        free(ptrc);
    }
```

（4）修改"计算"→"外包络矩形"菜单项的事件处理程序，在 OnCalculateExternalRect()
中添加如下代码。

```
    if(GOpenDataBase)
    {
        D_RECT ExternalRect={0,0,0,0};
        GetAllExternalRect(&ExternalRect);    //计算所有图形准确的总外包络矩形
        CString str;
        str.Format(_T("MinX:%lf,MinY:%lf,MaxX:%lf,MaxY:%lf"),ExternalRect.
        min_x,
    ExternalRect.min_y,ExternalRect.max_x,ExternalRect.max_y);
        MessageBox(str,_T("外包络矩形框参数"),MB_OK);
    }
```

（5）单击"生成"菜单下的"重新生成解决方案"菜单项，再单击"调试"菜单下的"启动
调试"菜单项，查看运行结果。运行程序后连接数据库，计算外包络矩形结果如图 3.29
所示。

练习 32：编写"计算图形准确外包络矩形"存储过程

1. 练习内容（反复练习下列内容，达到练习目标）

（1）查阅资料，了解数据库的存储过程。

（2）练习使用脚本语句编写存储过程。

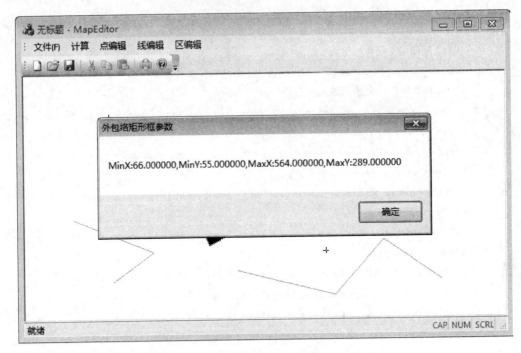

图 3.29　计算图形总外包络矩形的实现效果

2. 练习目标（练习结束时请在达到的目标前加"√"）

（1）掌握简单的存储过程编写方法。

（2）熟悉无参数、有输入参数、有输出参数的存储过程。

3. 实现过程说明

将练习 31 的实现过程交由数据库自动完成。

4. 上机指南

（1）打开 SQL Server Management Studio，并连接服务器。

（2）在对象资源管理器中展开 MapDataBase 数据库，展开"可编程性"项，右击"存储过程"，在弹出的菜单中选择"新建存储过程"。在中间窗口中出现如图 3.30 所示的编辑窗口。

（3）将编辑窗口中的内容全部清空，并添加如下语句。

```
use MapDataBase
go
if (object_id('proc_get_rect', 'P') is not null)
drop proc proc_get_rect
go
create proc [dbo].[proc_get_rect](
    @minX  int out,
@minY  int out,
```

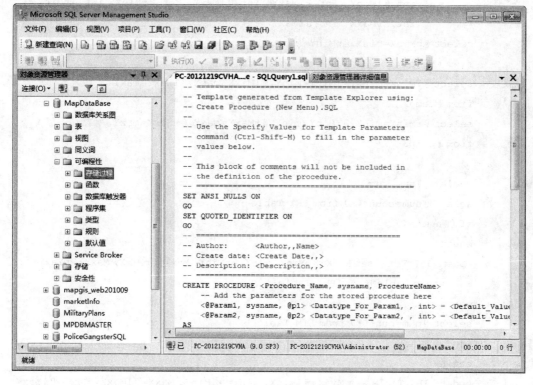

图 3.30　新建存储过程

```
@maxX   int out,
@maxY   int out
)
as
select min(X) as minX,min(Y) as minY,max(X) as maxX,max(Y) as maxY
into #temp1
from PNT_Table where IsDel=0
select min(MinX) as minX, min(MinY) as minY, max(MaxX) as maxX, max(MaxY)
as maxY
into #temp2
from LIN_Table where IsDel=0
select min(MinX) as minX, min(MinY) as minY,max(MaxX) as maxX, max(MaxY) as maxY
into #temp3
from REG_Table where IsDel=0
select*into #temp4 from
(select*from #temp1 union select*from #temp2 union select*from #temp3)a
select @minX=min(minX),@minY=min(minY),@maxX=max(maxX),@maxY=max(maxY)
from #temp4
declare @pMinX  int,@pMinY  int,@pMaxX  int,@pMaxY  int,@lMinX
```

```
                int,@lMinY  int,@lMaxX  int,@lMaxY  int,@rMinX  int,@rMinY
                int,@rMaxX  int,@rMaxY  int;
    select @pMinX=minX,@pMinY=minY,@pMaxX=maxX,@pMaxY=maxY
    from #temp1
    select @lMinX=minX,@lMinY=minY,@lMaxX=maxX,@lMaxY=maxY
    from #temp2
    select @rMinX=minX,@rMinY=minY,@rMaxX=maxX,@rMaxY=maxY
    from #temp3

    declare @num int;
    select @num=count(*) from PNT_Table
    if(@num!=0)
    begin
    update INF_Table set MinX=@pMinX, MinY=@pMinY, MaxX=@pMaxX, MaxY=@pMaxY
        where TableName='PNT_Table'
    end
    select @num=ount(*) from LIN_Table
    if(@num!=0)
    begin
    update INF_Table set MinX=@lMinX, MinY=@lMinY, MaxX=@lMaxX, MaxY=@lMaxY
        where TableName='LIN_Table'
    end
    select @num=count(*) from REG_Table
    if(@num!=0)
    begin
    update INF_Table set MinX=@rMinX, MinY=@rMinY, MaxX=@rMaxX, MaxY=@rMaxY
        where TableName='REG_Table'
    end
```

（4）执行 SQL 语句。单击"查询"菜单下的"执行"菜单项，或按 F5 键。执行后右击"对象资源管理器"中的"存储过程"，在弹出的菜单中选择"刷新"，可以看到刚才创建的存储过程，如图 3.31 所示。

练习 33：用存储过程优化"计算图形准确外包络矩形"功能

1. 练习内容（反复练习下列内容，达到练习目标）

（1）巩固 CRecordset 派生类。

（2）了解重载的 move 函数作用。

（3）练习使用 CRecordset 类实现存储过程的调用。

2. 练习目标（练习结束时请在达到的目标前加"√"）

（1）熟悉重载的 move 函数作用。

图 3.31　刷新查看创建的存储过程

（2）掌握如何使用 CRecordset 类实现存储过程的调用。

3. 操作说明及要求

（1）该功能通过存储过程实现计算得到包括所有未被删除图元的外包络矩形。

（2）执行"计算"→"外包络矩形"命令，在弹出的对话框中显示计算得到的所有图形的总外包络矩形的参数。

4. 实现过程说明

该功能实现计算得到包括所有未被删除图元的外包络矩形，修改"计算"→"外包络矩形"菜单项的事件处理程序。要实现此功能还需实现以下流程。

（1）编写"获取存储过程的执行结果"的接口函数。

（2）编写调用"获取存储过程的执行结果"接口的函数。

5. 上机指南

（1）启动 Visual Studio 2010，在练习 32 的成果下进行操作。

（2）派生记录集的子类 CLinRecordset。

① 打开 DataBaseDLL 项目，在 DataBaseDLL.h 中添加如下类声明。

```
class CExternalRect: public CRecordset
{
    public:
        void DoFieldExchange(CFieldExchange* pFX);
        void Move(long nrows,WORD wfetchtype);
```

```
            int minX,minY,maxX,maxY;
    };
```

② 实现存储过程参数的绑定。在 DataBaseDLL.cpp 中对绑定参数的函数 DoFieldExchange()添加如下函数定义。

```
    void CExternalRect::DoFieldExchange(CFieldExchange*pFX)
    {
        pFX->SetFieldType(CFieldExchange::outputParam);
        RFX_Int(pFX,_T("@minX"),minX);
        RFX_Int(pFX,_T("@minY"),minY);
        RFX_Int(pFX,_T("@maxX"),maxX);
        RFX_Int(pFX,_T("@maxY"),maxY);
    }
```

③ 重载 CRecordset 类的 Move 函数。

```
    void CExternalRect::Move(long nrows, WORD wfetchtype)
    {
        if(m_nFields)
            CRecordset::Move(nrows, wfetchtype);
        else
            m_bBOF=m_bEOF=true;

    }
```

（3）添加"获取存储过程的执行结果"的接口函数。

① 打开 DataBaseDLL 项目，在 DataBaseDLL.h 中添加如下函数声明。

```
    extern "C" _declspec(dllexport) long GetAllExternalRect(D_RECT*ptrc);
```

② 在 DataBaseDLL.cpp 中添加如下函数定义。

```
    long GetAllExternalRect(D_RECT*ptrc)
    {
        long result=0;
        CExternalRect rect;
        if(Gdb.IsOpen())
        {
            rect.m_nParams=4;
            rect.m_pDatabase=&Gdb;
            result=rect.Open(AFX_DB_USE_DEFAULT_TYPE,L"{call
            proc_get_rect(?,?,?,?)}");   //打开"计算图形准确外包络矩形"的存储过程
            if(! result)
            {
                return result;
            }
            while( rect.FlushResultSet())
```

```
        {
            while (! rect.IsEOF())
            {
                rect.MoveNext();
            }
        }
        ptrc->min_x=rect.minX;
        ptrc->min_y=rect.minY;
        ptrc->max_x=rect.maxX;
        ptrc->max_y=rect.maxY;
        result=Success;
    }
    else
    {
        MessageBox(NULL,_T("数据库连接失败!"),_T("错误"),0);
        result=DataBaseIsNotOpen;
    }
}
```

（4）添加调用"获取存储过程的执行结果"接口的函数。

① 在 LoadDll. h 文件中添加如下函数声明。

```
long Load_DBDll_GetAllExternalRect(D_RECT*Rect);
```

② 在 LoadDll. cpp 文件中添加如下函数实现。

```
long Load_DBDll_GetAllExternalRect(D_RECT*Rect)
{
    typedef long (*lpFun)(D_RECT*);
    lpFun GetAllExternalRect=(lpFun)GetProcAddress(GhDll,"GetAllExternalRect");
    if (NULL==GetAllExternalRect)
        return GetProcAddressFailed;
    return GetAllExternalRect(Rect);
}
```

（5）修改"计算"→"外包络矩形"菜单项的事件处理程序，在 OnCalculateExternalRect()中将语句 GetAllExternalRect(&ExternalRect);替换为如下形式。

```
Load_DBDll_GetAllExternalRect(&ExternalRect);  //通过存储过程得到计算结果
```

（6）单击"生成"菜单下的"重新生成解决方案"菜单项，再单击"调试"菜单下的"启动调试"菜单项，查看运行结果。

练习 34：增加"更新点、线、区最大 ID 号"触发器

1. 练习内容（反复练习下列内容，达到练习目标）

（1）通过查阅资料了解数据库的触发器。

（2）了解前触发与后触发的触发器脚本关键字语句。

（3）了解前触发与后触发的触发器区别。

（4）练习通过触发器实现自动更新数据库总表的 MaxID 字段。

2. 练习目标（练习结束时请在达到的目标前加"√"）

（1）熟悉如何编写后触发触发器。

（2）熟悉数据库脚本语句中判断触发器是否存在的语句。

（3）掌握通过触发器实现自动更新数据库总表的 MaxID 字段的方法。

3. 实现过程说明

在数据库中编写脚本语句，使得数据库自动完成总表中 MaxID 字段的更新。要实现此功能，需要实现如下流程。

（1）编写数据库服务器中基于点表、线表、区表的 insert 触发器，后触发，在触发器中用当前 ID 更新总表中对应的 MaxID 字段。

（2）更改"添加点"、"添加线"、"添加区"的接口，注释最后更新 MaxID 的语句。

4. 上机指南

（1）打开 SQL Server Management Studio，并连接服务器。

（2）单击左上角的"新建查询"按钮，在弹出的对话框中添加如下语句。

```
use MapDataBase
go
if (object_id('tgr_PNT_insert','tr') is not null)
    drop trigger tgr_PNT_insert
go
create trigger tgr_PNT_insert
on PNT_Table
for insert
as
declare @MaxID int;
select @MaxID=max(ID) from inserted
update INF_Table set MaxID=@MaxID where TableName='PNT_Table'
go
if (object_id('tgr_LIN_insert','tr') is not null)
    drop trigger tgr_LIN_insert
go
create trigger tgr_LIN_insert
on LIN_Table
for insert
as
declare @MaxID int;
```

```
select @MaxID=max(ID) from inserted
update INF_Table set MaxID=@MaxID where TableName='LIN_Table'
go
if (object_id('tgr_REG_insert','tr') is not null)
    drop trigger tgr_REG_insert
go
create trigger tgr_REG_insert
on REG_Table
for insert
as
declare @MaxID int;
select @MaxID=max(ID) from inserted
update INF_Table set MaxID=@MaxID where TableName='REG_Table'
go
```

（3）执行 SQL 语句。单击"查询"菜单下的"执行"菜单项，或按 F5 键。执行后右键选择刷新 MapDataBase 数据库，然后展开 PNT_Table："PNT_Table"→"触发器"，如图 3.32 所示，就可以看见刚创建的点的触发器。线数据表和区数据表都可以使用类似的过程查看创建的触发器。

图 3.32　点触发器

（4）修改动态库 DataBaseDLL 中添加点、线、区函数的代码。

① 将 long AddPnt(PNT_STRU Pnt)函数中下列语句注释。

```
//long MaxID;
//result=GetMaxIDFromPntTable(&MaxID);
//result=UpdatePntMaxID(MaxID);
```

② 将 long AddLin(D_DOT * Dot,LIN_NDX_STRU Lin)函数中下列语句注释。

```
//long MaxID;
//result=GetMaxIDFromLinTable(&MaxID);
//result=UpdateLinMaxID(MaxID);
```

③ 将 long AddReg(D_DOT * Dot,REG_NDX_STRU Reg)函数中下列语句注释。

```
//long MaxID;
//result=GetMaxIDFromRegTable(&MaxID);
//result=UpdateRegMaxID(MaxID);
```

（5）单击"生成"菜单下的"重新生成解决方案"菜单项,再单击"调试"菜单下的"启动调试"菜单项。运行程序后,进行点、线、区的编辑操作,对比之前练习的操作效果。

第4章　强化编程练习

练习35：增加"更新点、线、区逻辑数"触发器

思考过程：对于更新点触发器，使用一个后触发型触发器，用于每次插入点数据之后，使用 count(*) 脚本函数和 where 范围限定语句得到点数据表中实际的逻辑数，更新总表中点数据的逻辑数，然后修改每一个相关的接口函数；线、区采用类似的步骤完成。

说明：参考练习34实现。

练习36：增加"恢复点"接口

思考过程：在本书的功能设计中，删除图形数据使用的是伪删除方式，因此，恢复点、线、区图形功能的核心是修改数据库中相应图形的删除标记（由原来的1更新为0），同时更新总表中相应图形的逻辑数。

增加"恢复点"接口，即在动态库 DataBaseDLL 中实现"恢复点"接口。

【函数原型】long UndeletePnt(long ID)。

【参数说明】ID 为输入的指定要恢复的点 ID 号。

【实现过程】（1）判断是否连接数据库，如果没有连接则返回 DataBaseIsNotOpen。

（2）如果已经连接数据库，则执行更新"删除标记"语句（更新为0），并修改总表中点的逻辑数目。

（3）如果操作成功，则返回 Success。

练习37：实现"恢复点"功能

思考过程：恢复点、线、区图形功能的实现，先要在视窗中显示未删除的图形，然后选中图形，更新数据库中的图形的删除标记（修改为0），最后刷新窗口。涉及如下两个要点。

（1）显示未删除图形的功能，可以通过"显示状态"（删除与未删除）与点、线、区图形显示状态进行控制，改写 OnDraw() 函数，增加显示未删除图形功能菜单实现。

（2）选择图形的方式，一般用交互式选择，包括鼠标单击选择、鼠标拉框选择等多种方式，选择一种方式实现即可。需要编写查找删除图形的函数。

因此，"恢复点"功能实现方法如下。

（1）先实现在视图中显示未删除点的功能。可以增加一个"显示删除点"的功能菜单，在菜单项的处理函数中通过"显示状态"与点、线、区图形显示状态进行控制，改写 OnDraw() 函数，利用练习30中已提供的绘制显示点函数实现。因为在绘制显示点函数 ShowPnt(CClientDC * dc, BYTE isDel)，最后一个参数——删除标记（0为未删除，1为已删除）刚好可以与显示状态标记对应，可以直接将显示状态标记作为参数传入。

（2）增加一个"恢复点"的功能菜单，在其菜单项的处理函数中设置"恢复点"操作状态，并根据选中图元的方式完善相应的鼠标事件，即实现选中图元、调用"恢复点"接口更

新点数据、窗口刷新功能。其中,选择点图元需要编写查找已删除点的函数,鼠标点选方式可以参考练习 13。

说明:"恢复点"功能可参考基础篇练习 28,恢复线、区的功能与其类似。

练习 38:实现"修改点参数"功能

思考过程:要实现修改点、线、区参数的功能,可以通过对话框形式的参数设置面板进行参数设置,设置后更新数据库中的图形参数数据,并刷新窗口,显示修改参数后的图形;其中,修改图形参数一般包括统改、修改指定条件的图元参数两种方式,可以选择一种方式实现。

要实现"修改点参数"功能,主要方法如下。

(1) 实现如图 4.1 所示的"点参数设置"对话框。

(2) 如果是统改点参数,则在"修改点参数"功能按钮的事件处理函数中弹出设置面板;如果是修改指定条件的点图元的参数,则需要先实现选中图元的功能,如点选图元(选择鼠标单击处最近点)、框选点图元(鼠标拉框选择点图元)等,然后弹出设置面板。

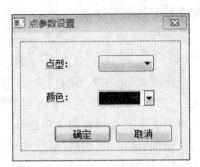

图 4.1 点参数设置对话框

(3) 设置点参数后,单击"确定"按钮,调用"修改点参数"接口(练习 14 中已经实现该接口)更新数据点表中的点参数数据,并刷新窗口。

说明:"修改点参数"功能可参考基础篇练习 28 实现。线、区的参数修改与其类似。

挑战:前面的练习中涉及的几何图形,都是用的最简单的图形参数。可以加大难度,尝试增加点图案、线型、区填充图案等,丰富点、线、区的绘图功能,即在参数设置对话框中分别增加上述参数项,通过修改几何图形参数设置,绘制显示选定样式的几何图形。

参考文献

钱能.2005.C++程序设计教程(第二版).北京:清华大学出版社.

郑阿奇.2014.SQL Server 数据库教程(2008 版).北京:人民邮电出版社.

Ann R. Ford,Toby J. Teorey.2003.实用 C++调试指南.於春景,译.武汉:华中科技大学出版社.

http://www.csdn.net.

http://www.microsoft.com/china/msdn.

Lippman S B,Lajoie J.2013.C++ Primer.中文版(第 5 版).王刚,杨巨峰,译.北京:中国电子工业出版社.

Bjarne Stroustrup.2010.C++程序设计语言(特别版).裘宗燕,译.北京:机械工业出版社.

附录 1 C++编码规范

1. 文件组织

1）文件结构

（1）版权和版本的声明。

版权和版本的声明位于头文件和定义文件的开头（参见例 1），主要内容如下。

① 版权信息。

② 文件名称、标识符、摘要。

③ 当前版本号、作者/修改者、完成日期。

④ 版本历史信息。

例 1 版权和版本的声明。

```
//Copyright (c) 2002-2005,中国地质大学
//All rights reserved
//
//文件名称:输入文件名,如 filename.h
//文件标识:见配置管理计划书
//摘要:简要描述本文件的内容
//
//当前版本:1.1
//作者:输入作者(或修改者)名字
//完成日期:2002 年 7 月 20 日
//
//取代版本:1.0
//原作者:输入原作者(或修改者)名字
//完成日期:2002 年 5 月 10 日
```

（2）头文件的结构。

头文件由三部分内容组成，分别如下。

① 头文件开头处的版权和版本声明（参见例 1）。

② 预处理块。

③ 函数和类结构声明等。

假设定义文件的名称为 box.h，定义文件的结构参见例 2。

例 2 C++/C 定义文件的结构。

```
//版权和版本声明见例 1,此处省略
#include "graphics.h"//引用头文件
  ⋮
//全局函数的声明
```

```
    void Function1(…);
    //类的声明
class CBox{
public:
    long GetSize();
    ⋮
private:
    long m_lWidth;
    ⋮

};
```

【规则 1】防止头文件内容被重复包含。

为了防止头文件内容被重复包含,所有头文件必须用 ifndef/define/endif 结构产生预处理块。例如,对于文件 mystring.h,其文件内容应按照如下方式编写(例 3)。

例 3 文件的内容定义。

```
#ifndef  MYSTRING_H
#define  MYSTRING_H
#include<math.h>        //引用标准库的头文件
⋮
#include "myheader.h"   //引用非标准库的头文件
⋮
void Function1(…);      //全局函数声明
⋮
class Box               //类结构声明
{
    ⋮
};
⋮

        #endif
```

【规则 2】引用信息顺序,标准的头文件要放在前面,而且按照字母顺序排列。标准头文件和自己的头文件之间应该用空行分隔。

【规则 3】用 # include＜filename. h＞格式来引用标准库的头文件(编译器将从标准库目录开始搜索)。

【规则 4】用 # include "filename. h"格式来引用非标准库的头文件(编译器将从用户的工作目录开始搜索)。

【建议 1】头文件中只存放"声明"而不存放"定义"。

在 C++语法中,类的成员函数可以在声明的同时定义,并且自动成为内联函数。但仍建议将成员函数的定义与声明分开,不论该函数体有多么小。

【建议 2】不提倡使用全局变量,尽量不要在头文件中出现像 extern int value 这类声明。

(3)头文件的作用。

① 通过头文件来调用库功能。在很多场合,源代码不便(或不准)向用户公布,只要

向用户提供头文件和二进制的库即可。用户只需要按照头文件中的接口声明来调用库功能，而不必关心接口是怎么实现的，编译器会从库中提取相应的代码。

② 头文件能加强类型安全检查。如果某个接口被实现或被使用时，其方式与头文件中的声明不一致，编译器就会指出错误，这一简单的规则能大大减轻程序员调试、改错的负担。

2）目录结构

如果一个软件的头文件数目比较多（如超过十个），通常应将头文件和定义文件分别保存于不同的目录，以便于维护。例如，可将头文件保存于 include 目录，将定义文件保存于 source 目录（可以是多级目录）。

如果某些头文件是私有的，它不会被用户的程序直接引用，则没有必要公开其"声明"。为了加强信息隐藏，这些私有的头文件可以和定义文件存放于同一个目录。

【规则 5】统一目录结构，项目开始时，规定好项目相关文件在磁盘上的存储目录结构。

2. 命名规则

比较著名的命名规则当推 Microsoft 公司的"匈牙利"法，该命名规则的主要思想是"在变量和函数名中加入前缀以增进人们对程序的理解"。例如，所有的字符变量均以 ch 为前缀，若是指针变量则追加前缀 p，如果一个变量由 ppch 开头，则表明它是指向字符指针的指针。在程序体中应基本遵循匈牙利命名规则。

1）总则

【规则 6】标识符应当直观且可以拼读，可望文知意，不必进行"解码"。

标识符应该采用英文单词或其组合，便于记忆和阅读，切忌使用汉语拼音来命名。

【规则 7】标识符长度应当尽量符合"min-length && max-information"原则。

单字符的名字也是有用的，常见如 i、j、k、m、n、x、y、z 等，它们通常可用做函数内的局部变量。

【规则 8】程序中不要出现仅靠大小写区分的相似的标识符。

举例如下。

```
int  x,  X;            //变量 x 与 X 容易混淆
void foo(int x);       //函数 foo 与 FOO 容易混淆
void FOO(float x);
```

【规则 9】命名规则尽量与所采用的操作系统或开发工具的风格保持一致。

例如，Windows 应用程序的标识符通常采用"大小写"混排的方式，如 AddChild。而 UNIX 应用程序的标识符通常采用"小写加下划线"的方式，如 add_child。别把这两类风格混在一起用。

【建议 3】尽量避免名字中出现数字编号，如 Var1、Var2 等，除非逻辑上的确需要编号。

【建议 4】尽量使用公认的无异义的缩写，缩写一般不超过 4 个字母。

举例如下。

```
HTML      Hypertext Markup Language
URL       Uniform Resource Locator
cmd       command
init      initialize
```

【规则 10】程序中不要出现标识符完全相同的局部变量和全局变量,尽管两者的作用域不同而不会发生语法错误,但会使人误解。

【规则 11】变量的名字应当使用"名词"或者"形容词+名词"。

举例如下。

```
float  value;
float  oldValue;
float  newValue;
```

【规则 12】函数的名字应当使用"动词"或者"动词+名词"(动宾词组)。类的成员函数省掉表示对象本身的"名词"。

举例如下。

```
DrawBox();          //全局函数
box->Draw();        //类的成员函数
```

【规则 13】用正确的反义词组命名具有互斥意义的变量或相反动作的函数等。

举例如下。

```
int  minValue;
int  maxValue;
int  SetValue(…);
int  GetValue(…);
```

2) 文件

【规则 14】通用文件命名规则。

(1) 类的声明文件(.h)和实现文件(.cpp):类名.h,类名.cpp。

(2) 常量定义文件:项目名称缩写(大写)+_Const.h,如 DI_Const.h。

(3) 全局变量、函数声明文件:项目名称缩写(大写)+_GlobalDef.h,如 DI_GlobalDef.h。

(4) 错误代码定义文件:项目名称缩写(大写)+_ErrorDef.h,如 DI_ErrorDef.h。

3) 变量

【规则 15】变量名由范围前缀+类型前缀+限定词组成。

【规则 16】变量和参数用小写字母开头的单词组合而成。

举例如下。

```
BOOL flag;
int  drawMode;
```

【规则 17】变量的范围前缀。

(1) 全局变量加上 g_(表示 global)。

举例如下。

```
int g_howManyPeople;   //全局变量
int g_howMuchMoney;    //全局变量
```

(2) 静态变量加上 s_。

举例如下。

```
void Init(…)
```

```
    {
        static int s_initValue;      //静态变量
        :
    }
```

（3）局部变量范围前缀为空。

【规则 18】变量的类型前缀如表 1 所示。

表 1 变量的类型前缀

类型名称	表示符号	范例
整型	n	m_nTotalNum
长整型	l	g_lOpenDate
无符号整型	u	uMsgID
无符号长整型	dw	dwCardNo
字符	ch	chChar
布尔量	b	m_bOK
浮点数	f	m_fPrice
双精度浮	d	g_dRate
字符数组	sz	m_szPath
指针	p	pProgress
字节指针	pb	m_pbSendData
无符号指针	pv	g_pvParam
字符指针	lpsz	lpszNameStr
整型指针	lpn	lpnSysDoomType
文件指针	fp	m_fpFile
结构体	st	stMyStruct

【规则 19】方法参数名。

使用有意义的参数命名，如果可能，使用和要赋值的字段一样的名字。

举例如下。

```
    void setTopic (String strTopic)
    {
        this.strTopic=strTopic;
        :
    }
```

【建议 5】循环变量。

可以用 i、j、k 作为循环变量，用 p、q 作为位移变量。

【规则 20】常量名全用大写，用下划线分割单词。

举例如下。

```
    const int MAX=100;
```

```
const int MAX_LENGTH=100;
```

4）自定义类型

【规则 21】类名。

必须由大写字母开头的单词或缩写组成,只用英文字母,禁用数字、下划线等符号。

【规则 22】typedef 定义的类型。

利用 typedef 创建类型名以"S"加单词或缩写组成,只用英文字母。

【规则 23】枚举类型。

枚举类型名以"E"加单词或缩写组成,只用英文字母。枚举类型的成员遵循常量命名约定,使用大写字母和下划线,名称要有含义。

【规则 24】结构(struct)和联合(union)。

结构(struct)和联合(union)名同类名。

5）函数

【规则 25】用正确的反义词组命名具有互斥意义的变量或相反动作的函数等。

【规则 26】函数的名字应当使用"动词"或者"动词+名词"(动宾词组)。

【规则 27】类方法名必须用一个小写字母的动词开头,后面的单词用大写字母。

例如,getName()、setHTML()。

【建议 6】方法名前缀。

根据需要使用 get/set 存取属性值,is/has/should 存取布尔值。

推荐使用下列方法前缀,按下列组合配对使用。

add/remove、create/destroy、old/new、insert/delete、increment/decrement、start/stop、begin/end、first/last、up/down、next/previous、min/max、open/close、show/hide。

3. 注释

1）总则

【规则 28】程序可以有两种注释:代码注释(implementation comments)和文档注释(documentation comments)。 代码注释主要删除注释(注释掉目前不需要的代码)和说明注释(对代码进行说明),文档注释是指专门用来形成文档用的注释。

【规则 29】注释是 why 而不是 what。 程序中的注释不可喧宾夺主,注释的花样要少。

【规则 30】边写代码边注释,修改代码同时修改相应的注释,以保证注释与代码的一致性。 不再有用的注释要删除。

【规则 31】注释的位置应与被描述的代码相邻,可以放在代码的上方或右方,不可放在下方。

【规则 32】当代码比较长,特别是有多重嵌套时,应当在一些段落的结束处加注释,便于阅读。

【规则 33】修正 bug 之后,要加上描述修改状况的注释。

2）文档注释

【规则 34】文档注释。

文档注释用/＊＊…＊/标识,它对代码的使用说明进行描述,每一个文档注释都被放进/＊＊…＊/分隔符,每一个类、接口、构造函数,方法和成员变量拥有一个注释,这样的注释应该出现在相应的声明前。

举例如下。

```
/**
 *Example 类提供如下的功能…
 */
class Example
{
    ⋮
}
```

类和接口的文档注释(/＊＊)的第一行不应该缩进,以后的文档注释每行都应有一个空格的缩进(给垂直排列的星号)。成员函数(包括构造函数),第一行文档注释前有一个 Tab 缩进,后续的行有一个 Tab 外加一个空格的缩进。对于那些不适于文档注释的类、接口、变量、方法的信息,用代码注释进行说明,而不应该在类的文档注释中。文档注释不应该放在方法或构造函数的定义体内。

3) 源程序文件

【规则 35】源程序文件文档注释。

每个源程序文件的开头都需要文档注释(参见例 1),主要内容如下。

(1) 版权声明:版权声明内容为 Copyright Beijing China Tech international Software,Inc. All Rights Reserved。

(2) 文件名称:本文件的名称。

(3) 开发者姓名:填写最初编写此代码的人。

(4) 创建日期:本文件的创建日期。

(5) 功能目的:简要描述本文件中代码的功能。

(6) 修改历史(修改日期、修改人、修改编号、修改内容)。其中修改历史可以多次出现,任何对本文件的修改必须增加一条修改历史。

4) 类

【规则 36】类注释。

每个类必须有文档注释,其中至少要包括功能、版本、最后修改时间、作者、修改历史(修改日期、修改人、修改编号、修改内容)等,其中修改历史可以多次出现,任何对本类的修改必须增加一条修改历史,此外可以根据需要添加其他相关信息或链接。类注释必须在类的声明之前。

举例如下。

```
/**
 *类<code>String</code>封装了有关字符串的操作,这些操作包括
 *单个字符定位、串比较、查找、提取子串、大写/小写转换等
 *
 *@author Lee Boynton
 *@author Arthur van Hoff
 *@version 1.130, 02/09/01
```

```
     */
    class String
    {
     ⋮
    }
```

5) 函数

【规则 37】函数注释。

所有函数(包括类自定义类型的成员函数)必须有文档注释。注释在其定义之前,按如下方式书写。

```
    /**
    *判断一字符串是否为数字*
    *@param sNum 字符串
    *@return true=是数字 false=不是数字
    */
    boolean isNumber(String sNum)
    {
     ⋮
    }
```

【规则 38】构造函数。

注释要标明此函数为构造函数。如果有多个构造函数,用递增的方式书写,参数多的写在后面,如果有多组构造函数,每组分别用递增的方式写,并且每一个都要有详细的注释。

6) 变量

【规则 39】变量的注释。

变量注释出现在变量声明或自定义数据类型成员声明的前一行,用以描述对应变量的作用和含义,变量注释一般占一行。下列变量必须有注释。

(1) 自定义类型的成员。

(2) 全局变量。

(3) 其他重要的局部变量。

注释必须按如下方式书写。

```
    /**
    * 包计数器
    */
    int iPackets;
```

7) 语句

【建议 7】代码注释风格。

代码注释用/＊…＊/和//标识。程序可以有四种风格的代码注释:块注释、单行注释、后缘注释(trailing)、行尾注释(end-of-line)。

(1) 块注释。块注释常用来提供文件、方法、数据结构、算法的说明。块注释可以用在每个文件的开头和每个方法的起始,它们也可以用在其他地方,如在方法内部等。块注释在函数或方法的内部应该和它们描述的代码具有同样的缩进格式。块注释之前应该有一个空行。

（2）单行注释。短的注释可以出现在单行,和它后面的代码使用同样的缩进。单行注释前应该有一个空行。

（3）后缘注释(trailing)和行尾注释(end-of-line)。非常短的注释可以出现在和它说明的代码的同一行中,但应该和被说明的代码相隔足够远。如果在一个代码块中出现了多于一个的短注释,它们应该有相同的缩进。

【规则 40】语句块结束注释。

（1）函数定义的结束必须加如下内容的注释:∥end of 函数名。若程序文件中能够明确指出函数结束的不需要加此注释。

（2）对于包含代码行较多的条件语句,每个条件处理语句块的结束必须加如下内容的注释:∥end of 此语句块的条件。

（3）对于包含代码行较多的循环语句,循环语句块的结束必须如下内容的注释:∥end of 循环条件。

4. 程序的版式

1）空白符

（1）空行。

【规则 41】在每个类声明之后、每个函数定义结束之后都要加空行。

【规则 42】在一个函数体内,逻辑上密切相关的语句之间不加空行,其他地方应加空行分隔。

（2）空格。

【规则 43】在 **if**、**for**、**while** 等关键字之后应留一个空格再跟左括号"(",以突出关键字。

【规则 44】函数名之后不要留空格,紧跟左括号"(",以与关键字区别。

【规则 45】",",";"向前紧跟,紧跟处不留空格。

【规则 46】","之后要留空格,如 **Function(x, y, z)**。如果";"不是一行的结束符号,其后要留空格,如 for (initialization; condition; update)。

【规则 47】赋值操作符、比较操作符、算术操作符、逻辑操作符、位域操作符,如"="、"＋="、"＞="、"＜="、"＋"、"＊"、"％"、"＆＆"、"||"、"＜＜"、"^"等二元操作符的前后应当加空格。

【规则 48】一元操作符如"!"、"～"、"++"、"－－"、"&"(地址运算符)与其作用的操作数之间不加空格。

【规则 49】操作符"[]"、"."、"－＞"前后不加空格。

（3）对齐。

【规则 50】相互匹配的"{和}"应独占一行并且位于同一列,同时与引用它们的语句左对齐。

【规则 51】{ }之内的代码块在新行"{"右边一个 **Tab** 处左对齐。

2）表达式

（1）运算符的优先级。

【建议 8】建议对于除"+"、"＊"等优先级非常明显的运算符之外,全部使用括号确定表达式的操作顺序。

（2）复合表达式。

【规则 52】不要有多用途的复合表达式。

（3）逻辑表达式。

① 布尔变量与零值比较。

【规则 53】布尔变量与零值比较。

不可将布尔变量直接与 TRUE、FALSE 或者 1、0 进行比较,应写为如下形式。

```
bool bFlag;
if(bFlag)  //表示 flag 为真
if(!bFlag) //表示 flag 为假
```

其他的用法都属于不良风格。

举例如下。

```
if(flag==TRUE)
if(flag==1)
if(flag==FALSE)
if(flag==0)
```

② 整型变量与零值比较。

【规则 54】应当将整型变量用"＝＝"或"！＝"直接与 0 比较。

假设整型变量的名字为 value,它与零值比较的标准 if 语句如下。

```
if(value==0)
if(value !=0)
```

不可模仿布尔变量的风格而写成如下形式。

```
if(value)  //会让人误解 value 是布尔变量
if(! value)
```

③ 浮点变量与零值比较。

【规则 55】不可将浮点变量用"＝＝"或"！＝"与任何数字比较。

千万要留意,无论 float 还是 double 类型的变量,都有精度限制。所以一定要避免将浮点变量用"＝＝"或"！＝"与数字比较,应该设法转化成"＞＝"或"＜＝"形式。

假设浮点变量的名字为 x,应当将下面的语句。

```
if(x==0.0)//隐含错误的比较
```

转化为如下形式。

```
if((x>=-EPSINON) && (x<=EPSINON))
```

其中,EPSINON 是允许的误差(精度)。

④ 指针变量与零值比较。

【规则 56】应当将指针变量用"＝＝"或"！＝"与 NULL 比较,而不应采用 if(p)或者 if(!p)的形式。

指针变量的零值是"空"(记为 NULL)。尽管 NULL 的值与 0 相同,但是两者意义不同。假设指针变量的名字为 p,它与零值比较的标准 if 语句如下。

```
if（p==NULL）    //p 与 NULL 显式比较,强调 p 是指针变量
if（p!=NULL）
```

不要写成如下形式。

```
if（p==0）       //容易让人误解 p 是整型变量
if（p!=0）
```

也不要写成如下形式。

```
if（p）           //容易让人误解 p 是布尔变量
if（!p）
```

3）基本语句

（1）代码行

【规则 57】一行代码只做一件事情,如只定义一个重要变量,或只写一条语句。

【规则 58】if、for、while、do 等语句自占一行,执行语句不得在同一行上。不论执行语句有多少都要加{}。

【规则 59】尽可能在定义变量的同时初始化该变量（就近原则）。

【建议 9】在使用之前才定义变量。

【建议 10】不提倡使用全局变量。

不提倡使用全局变量,尽量不要在头文件中出现像 extern int value 这类声明。

【建议 11】调试信息。

不要用 cout 到处打印调试信息,统一使用带开关的调试类打印调试信息。

（2）长行拆分。

【规则 60】代码行最大长度为 80 个字符。

【规则 61】超长的语句应该在一个逗号后,或者一个操作符前折行,操作符放在新行之首（以便突出操作符）。拆分出的新行要进行适当的缩进,使排版整齐,语句可读。

（3）修饰符的位置。

【规则 62】应当将修饰符 * 和 & 紧靠变量名。

4）条件语句

【建议 12】程序中有时会遇到 if/else/return 的组合,建议将如下风格的程序。

```
if（condition）
    return x;
return y;
```

改写为如下风格。

```
if（condition）
{
    return x;
}
else
{
return y;
}
```

或者改写成更加简练的如下风格。

```
return (condition ? x : y);
```

【规则 63】switch 语句中必须有 default 分支。

举例如下。

```
switch (i)
{
case 1:
…;
break;
    case 2:
…;
break;
default:
break;
}
```

【规则 64】每个 case 语句的结尾不要忘了加 break，否则将导致多个分支重叠（除非有意使多个分支重叠）。

5）循环语句

【规则 65】在多重循环中，如果有可能，应当将最长的循环放在最内层，最短的循环放在最外层，以减少 CPU 跨切循环层的次数。

例如，下面例 5 的效率比例 4 的高。

例 4 长循环在最外层的程序，效率低。

```
for(row=0; row<100; row++)
{
for( col=0; col<5; col++)
{
sum=sum+a[row][col];
}
}
```

例 5 长循环在最内层的程序，效率高。

```
for(col=0; col<5; col++)
{
for(row=0; row<100; row++)
{
    sum=sum+a[row][col];
}
}
```

【规则 66】如果循环体内存在逻辑判断，并且循环次数很大，宜将逻辑判断移到循环体的外面。

例如，例 6 的程序比例 7 多执行了 $N-1$ 次逻辑判断。并且由于前者经常要进行逻辑判断,打断了循环"流水线"作业,使得编译器不能对循环进行优化处理,降低了效率。如果 N 非常大,最好采用例 7 的写法,可以提高效率。如果 N 非常小,两者效率差别并不明显,采用例 6 的写法比较好,因为程序更加简洁。

例 6 效率低但简洁的程序。

```
for (i=0; i<N; i++)
{
if (condition)
    DoSomething();
else
    DoOtherthing();
}
```

例 7 效率高但不简洁的程序。

```
if (condition)
{
for (i=0; i<N; i++)
    DoSomething();
}
else
{
    for (i=0; i<N; i++)
    DoOtherthing();
}
```

【规则 67】不可在 for 循环体内修改循环变量,防止 for 循环失去控制。

【建议 13】建议 for 语句的循环控制变量的取值采用"半开半闭区间"写法。

例如,例 8 中 x 值属于半开半闭区间"$0=< x< N$",起点到终点的间隔为 N,循环次数为 N。例 9 中的 x 值属于闭区间"$0=< x<=N-1$",起点到终点的间隔为 $N-1$,循环次数为 N。相比之下,例 8 的写法更加直观,尽管两者的功能是相同的。

例 8 循环变量属于半开半闭区间的程序。

```
for (int x=0; x<N; x++)
{
    ⋮
}
```

例 9 循环变量属于闭区间的程序。

```
for (int x=0; x<=N-1; x++)
{
    ⋮
}
```

6) 常量

【规则 68】静态变量使用时,使用类名::变量名的方法来调用。

【规则 69】尽量使用含义直观的常量来表示那些将在程序中多次出现的数字或字符串。

【规则 70】在 C++程序中只使用 **const** 常量而不使用宏常量,即 **const** 常量完全取代宏常量,**const** 有类型的检查而宏没有。

【规则 71】常量定义的位置。需要对外公开的常量放在头文件中,不需要对外公开的常量放在定义文件的头部。为了便于管理,可以把不同模块的常量集中存放在一个公共的头文件中。

【规则 72】常量意义要明确。如果某一常量与其他常量密切相关,应在定义中包含这种关系,而不应给出一些孤立的值。

举例如下。

```
const  float   RADIUS=100;
const  float   DIAMETER=RADIUS*2; //不要写成 DIAMETER=200;
```

7) 类中的常量

有时人们希望某些常量只在类中有效。由于♯define 定义的宏常量是全局的,不能达到目的,所以想当然地觉得应该用 const 修饰数据成员来实现。const 数据成员的确是存在的,但其含义却不是人们所期望的。const 数据成员只在某个对象生存期内是常量,而对于整个类却是可变的,因为类可以创建多个对象,不同的对象其 const 数据成员的值可以不同。

不能在类声明中初始化 const 数据成员。以下用法是错误的,因为类的对象未被创建时,编译器不知道 SIZE 的值是什么。

```
class A
{…
    const int SIZE=100;     //错误,企图在类声明中初始化 const 数据成员
   int array[SIZE];         //错误,未知的 SIZE
};
```

const 数据成员的初始化只能在类构造函数的初始化表中进行。

举例如下。

```
class A
{
   …A(int size);          //构造函数
   const int SIZE;
};
A::A(int size) : SIZE(size) //构造函数的初始化表
{
   ⋮
}
A  a(100);               //对象 a 的 SIZE 值为 100
A  b(200);               //对象 b 的 SIZE 值为 200
```

怎样才能建立在整个类中都恒定的常量呢? 应该用类中的枚举常量来实现。

举例如下。

```
class A
{…
```

```
        enum { SIZE1=100, SIZE2=200};        //枚举常量
        int array1[SIZE1];
        int array2[SIZE2];
    };
```

枚举常量不会占用对象的存储空间，它们在编译时被全部求值。枚举常量的缺点是：它的隐含数据类型是整数，其最大值有限，且不能表示浮点数（如 PI＝3.14159）。

8）函数

（1）参数。

【规则 73】参数的书写要完整，在函数定义的地方，不要只写参数的类型而省略参数的名字，如果函数没有参数，则用 **void** 填充。

举例如下。

```
    void SetValue(int width, int height);    //良好的风格
    void SetValue(int, int);                 //不良的风格
    float GetValue(void);                    //良好的风格
    float GetValue();                        //不良的风格
```

【规则 74】参数命名要恰当，顺序要合理，一般地，应将目的参数放在前面，源参数放在后面。

例如，编写字符串拷贝函数 StringCopy，它有两个参数。如果把参数名字起为 str1 和 str2，如 void StringCopy(char * str1，char * str2)；那么很难搞清楚究竟是把 str1 拷贝到 str2 中，还是刚好倒过来。可以把参数名字起得更有意义，如 strSource 和 strDestination，这样从名字上就可以看出应该把 strSource 拷贝到 strDestination。

参数的顺序要遵循程序员的习惯。一般地，应将目的参数放在前面，源参数放在后面。

如果将函数声明为如下形式。

```
    void StringCopy(char* strSource, char* strDestination);
```

别人在使用时可能会不假思索地写成如下形式。

```
    char str[20];
    StringCopy(str, "Hello World");          //参数顺序颠倒
```

【规则 75】指针入参。

如果参数是指针，且仅作为输入用，则应在类型前加 const，以防止该指针在函数体内被意外修改。

举例如下。

```
    void StringCopy(char* strDestination, const char* strSource);
```

【规则 76】值传递对象。

如果输入参数以值传递的方式传递对象，则宜改用"const &"方式来传递，这样可以省去临时对象的构造和析构过程，从而提高效率。

【规则 77】输入参数。

对于非基本数据类型的输入参数，应该将"值传递"的方式改为"const 引用传递"，目的是提高效率；对于基本数据类型的输入参数，不要将"值传递"的方式改为"const 引用传递"。

【建议 14】避免函数有太多的参数，参数个数尽量控制在 5 个以内。如果参数太多，

在使用时容易将参数类型或顺序搞错。

【建议 15】尽量不要使用类型和数目不确定的参数。

C 标准库函数 printf 是采用不确定参数的典型代表,其原型如下。

```
int printf(const chat* format[, argument]…);
```

这种风格的函数在编译时丧失了严格的类型安全检查。

(2) 返回值。

【规则 78】不要省略返回值的类型。

C 语言中,凡不加类型说明的函数,一律自动按整型处理,这样做不会有什么好处,却容易被误解为 void 类型。

C++语言有很严格的类型安全检查,不允许上述情况发生。由于 C++程序可以调用 C 函数,为了避免混乱,规定任何 C++/C 函数都必须有类型,如果函数没有返回值,那么应声明为 void 类型。

【规则 79】函数名字与返回值类型在语义上不可冲突。

违反这条规则的典型代表是 C 标准库函数 getchar。

举例如下。

```
char c;
c=getchar();
if (c==EOF)
    ⋮
```

按照 getchar 名字的意思,将变量 c 声明为 char 类型是很自然的事情。但不幸的是 getchar 的确不是 char 类型,而是 int 类型,其原型如下。

```
int getchar(void);
```

由于 c 是 char 类型,取值范围是 $[-128,127]$,如果宏 EOF 的值在 char 的取值范围之外,那么 if 语句将总是失败,这种"危险"人们一般不能料到!导致本例错误的责任并不在用户,是函数 getchar 误导了用户。

【规则 80】不要将正常值和错误标志混在一起返回。正常值用输出参数获得,而错误标志用 return 语句返回。

回顾上例,C 标准库函数的设计者为什么要将 getchar 声明为令人迷糊的 int 类型呢?在正常情况下,getchar 的确返回单个字符。但如果 getchar 碰到文件结束标志或发生读错误,它必须返回一个标志 EOF。为了区别于正常的字符,只好将 EOF 定义为负数(通常为-1)。因此函数 getchar 就成了 int 类型。

在实际工作中,经常会碰到上述令人为难的问题。为了避免出现误解,应该将正常值和错误标志分开,即正常值用输出参数获得,而错误标志用 return 语句返回。

函数 getchar 可以改写成 BOOL GetChar(char * c)。

虽然 gechar 比 GetChar 灵活,如 putchar(getchar());但是如果 getchar 用错了,它的灵活性就没有什么用了。

【建议 16】有时候函数原本不需要返回值,但为了增加灵活性,如支持链式表达,可以附加返回值。

举例如下。

字符串拷贝函数 strcpy 的原型如下。

```
char* strcpy(char* strDest,const char* strSrc);
```

strcpy 函数将 strSrc 拷贝至输出参数 strDest 中，同时函数的返回值又是 strDest。这样做并非多此一举，可以获得如下灵活性。

```
Cha  char str[20];
int  length=strlen( strcpy(str, "Hello World"));
```

【建议 17】 如果函数的返回值是一个对象，有些场合用"引用传递"替换"值传递"可以提高效率，而有些场合只能用"值传递"而不能用"引用传递"，否则会出错。

举例如下。

```
class String
{…  //赋值函数
    String & operate=(const String &other);
//相加函数,如果没有 friend 修饰则只许有一个右侧参数
friend  String  operate+( const String &s1, const String &s2);
private:
    char*m_data;
}
```

String 的赋值函数 operate＝的实现如下。

```
String & String::operate= (const String &other)
{    if (this==&other)
        return*this;
delete m_data;
m_data=new char[strlen(other.data)+1];
strcpy(m_data, other.data);
return*this;       //返回的是* this 的引用,不需要拷贝过程
}
```

对于赋值函数，应当用"引用传递"的方式返回 String 对象。如果用"值传递"的方式，虽然功能仍然正确，但由于 return 语句要把 * this 拷贝到保存返回值的外部存储单元之中，增加了不必要的开销，降低了赋值函数的效率。

举例如下。

```
String a,b,c;
  ⋮
a=b;       //如果用"值传递",将产生一次*this 拷贝
a=b=c;     //如果用"值传递",将产生两次*this 拷贝
```

StrString 的相加函数 operate＋的实现如下。

```
String  operate+(const String &s1, const String &s2)
{
    String temp;
    delete temp.data;          //temp.data 是仅含'\0'的字符串
```

```
temp.data=new char[strlen(s1.data)+strlen(s2.data)+1];
strcpy(temp.data, s1.data);
strcat(temp.data, s2.data);
return temp;
}
```

对于相加函数,应当用"值传递"的方式返回 String 对象。如果改用"引用传递",那么函数返回值是一个指向局部对象 temp 的"引用"。由于 temp 在函数结束时被自动销毁,将导致返回的"引用"无效。例如,$c=a+b$;此时 $a+b$ 并不返回期望值,c 什么也得不到,留下了隐患。

(3)函数内部实现。

不同功能的函数其内部实现各不相同,看起来似乎无法就"内部实现"达成一致的观点,但可以在函数体的"入口处"和"出口处"从严把关,从而提高函数的质量。

【规则 81】在函数体的"入口处",对参数的有效性进行检查。

很多程序错误是由非法参数引起的,应该充分理解并正确使用"断言"(assert)来防止此类错误。

【规则 82】在函数体的"出口处",对 return 语句的正确性和效率进行检查。

如果函数有返回值,那么函数的"出口处"是 return 语句。不要轻视 return 语句,如果 return 语句写得不好,函数要么出错,要么效率低下。

注意事项如下。

① return 语句不可返回指向"栈内存"的"指针"或者"引用",因为该内存在函数体结束时被自动销毁。

举例如下。

```
char* Func(void)
{
    char str[]="hello world";   //str 的内存位于栈上
    ⋮
    return str;                 //将导致错误
}
```

② 要搞清楚返回的究竟是"值"、"指针"还是"引用"。

③ 如果函数返回值是一个对象,要考虑 return 语句的效率,如下面的语句。

```
return String(s1+s2);
```

这是临时对象的语法,表示"创建一个临时对象并返回它"。不要以为它与"先创建一个局部对象 temp 并返回它的结果"是等价的,如下面的语句。

```
String temp(s1+s2);
return temp;
```

实质不然,上述代码将发生三件事。首先,temp 对象被创建,同时完成初始化;然后拷贝构造函数把 temp 拷贝到保存返回值的外部存储单元中;最后,temp 在函数结束时被销毁(调用析构函数)。然而"创建一个临时对象并返回它"的过程是不同的,编译器直接把临时对象创建并初始化在外部存储单元中,省去了拷贝和析构的花费,提高了效率。

类似地,不要将如下语句。

```
return int(x+y);                        //创建一个临时变量并返回它
```

写成如下形式。

```
int temp=x+y;
return temp;
```

由于内部数据类型如 int、float、double 的变量不存在构造函数与析构函数,虽然该"临时变量的语法"不会提高多少效率,但是程序更加简洁易读。

(4) 构造函数、析构函数与赋值函数。

【规则 83】初始化表。

非基本数据类型的成员对象应当采用初始化表的方式初始化,以获取更高的效率。

【规则 84】赋值和拷贝构造函数。

如果不打算使用类的赋值函数和拷贝构造函数,那么将这两个函数声明为 private 成员,并且不提供这两个函数的实现,明确拒绝编译器自动生成这两个函数。

【规则 85】析构函数。

如果打算从一个类派生出子类,那么将这个类的析构函数声明为 virtual。

【规则 86】赋值函数。

类的赋值函数应按下列步骤实现。

① 检查自赋值。实际程序中不会有类似 $a=a$,但是间接的自赋值仍有可能出现。

② 用 delete 释放原有的内存资源。

③ 分配新的内存资源,并复制字符串。

④ 返回本对象的引用,目的是实现像 $a=b=c$ 这样的链式表达。注意不要将 return *this 错写成 return this。

(5) 重载。

【规则 87】不能重载 C++基本数据类型(如 int、float 等)的运算符。

【规则 88】不能重载".",因为"."在类中对任何成员都有意义,已经成为标准用法。

【规则 89】不能重载目前 C++运算符集合中没有的符号,如 ♯、@、$ 等。

【规则 90】对已经存在的运算符进行重载时,不能改变优先级规则,否则将引起混乱。

(6) 使用断言。

程序一般分为 Debug 版本和 Release 版本,Debug 版本用于内部调试,Release 版本发行给用户使用。

断言 assert 是仅在 Debug 版本起作用的宏,它用于检查"不应该"发生的情况。例 7 是一个内存复制函数。在运行过程中,如果 assert 的参数为假,那么程序就会中止(一般地还会出现提示对话,说明在什么地方引发了 assert)。

例 7 复制不重叠的内存块。

```
void *memcpy(void* pvTo, const void* pvFrom, size_t size)
{
    assert((pvTo !=NULL) && (pvFrom !=NULL)); //使用断言
    byte*pbTo=(byte*) pvTo;    //防止改变 pvTo 的地址
    byte*pbFrom=(byte*) pvFrom;    //防止改变 pvFrom 的地址
```

```
      while(size-->0 )
         *pbTo ++=*pbFrom++;
      return pvTo;
   }
```

assert 不是一个仓促拼凑起来的宏。为了不在程序的 Debug 版本和 Release 版本引起差别,assert 不应该产生任何副作用,所以 assert 不是函数,而是宏。程序员可以把 assert 看成一个在任何系统状态下都可以安全使用的无害测试手段。如果程序在 assert 处终止了,并不是说含有该 assert 的函数有错误,而是调用者出了差错,assert 可以帮助找到发生错误的原因。

在加入 assert 的地方要写下完整的注释。

【规则 91】正确区分非法与错误。

使用断言捕捉非法情况。不要混淆非法情况与错误情况之间的区别,后者是必然存在的并且是一定要进行处理的。

【规则 92】断言使用时机。

对于系统内部使用函数,在函数的入口处,使用断言检查参数的有效性(合法性)。对于开放给用户使用的函数,在函数的入口处,采用错误处理机制检查参数的有效性。

【建议 18】在编写函数时,要进行反复考查,并且自问:"我打算做哪些假定?"一旦确定了的假定,就要使用断言对假定进行检查。

【建议 19】一般参考书都鼓励程序员进行防错设计,但要记住这种编程风格可能会隐瞒错误。当进行防错设计时,如果"不可能发生"的事情的确发生了,则要使用断言进行报警。

(7) 其他。

【建议 20】函数的功能要单一,不要设计多用途的函数。

【建议 21】函数体的规模要小,尽量控制在 50 行代码之内。

【建议 22】尽量避免函数带有"记忆"功能。相同的输入应当产生相同的输出。

带有"记忆"功能的函数,其行为可能是不可预测的,因为它的行为可能取决于某种"记忆状态"。这样的函数既不易理解又不利于测试和维护。在 C/C++语言中,函数的 static 局部变量是函数的"记忆"存储器。建议尽量少用 static 局部变量,除非必需。

【建议 23】不仅要检查输入参数的有效性,还要检查通过其他途径进入函数体内的变量的有效性,如全局变量、文件句柄等。

【建议 24】用于出错处理的返回值一定要清楚,让用户不容易忽视或误解错误情况。

9) 内存管理

【规则 93】申请内存后要检查。

用 malloc 或 new 申请内存之后,应该立即检查指针值是否为 NULL。防止使用指针值为 NULL 的内存。

【规则 94】数组赋初值。

不要忘记为数组和动态内存赋初值。防止将未被初始化的内存作为右值使用。

【规则 95】及时释放内存。

动态内存的申请与释放必须配对,防止内存泄漏。

【规则 96】防止"野指针"。

用 free 或 delete 释放了内存之后,立即将指针设置为 NULL,防止产生"野指针"。

【规则 97】指针不指向常量数组。

避免使用指针指向常量数组,特别是对于 char 类型。

【规则 98】释放数组。

在用 delete 释放对象数组时,留意不要丢了符号"[]"。

10) 类

【规则 99】若在逻辑上 B 是 A 的"一种",并且 A 的所有功能和属性对 B 都有意义,则允许 B 继承 A 的功能和属性。

例如,男人(man)是人(human)的一种,男孩(boy)是男人的一种,那么类 man 可以从类 human 派生,类 boy 可以从类 man 派生。

```
class human
{
        ⋮
};
class man : public human
{
        ⋮
};
class boy : public man
{
        ⋮
};
```

【规则 100】如果类 A 和类 B 毫不相关,不可以为了使 B 的功能更多而让 B 继承 A 的功能和属性。

【规则 101】若在逻辑上 A 是 B 的"一部分"(a part of),则不允许 B 从 A 派生,而是要用 A 和其他东西组合出 B。

例如,眼(Eye)、鼻(Nose)、口(Mouth)、耳(Ear)是头(Head)的一部分,所以类 Head 应该由类 Eye、Nose、Mouth、Ear 组合而成,不是派生而成,如下面的代码所示。

```
class Eye
{
  public:
void  Look(void);
};
class Nose
{
  public:
void  Smell(void);
};
```

```
class Mouth
{
  public:
void  Eat(void);
};
class Ear
{
  public:
void  Listen(void);
};
//正确的设计,虽然代码冗长
class Head
{
  public:
        void    Look(void)    {  m_eye.Look();  }
        void    Smell(void)   {  m_nose.Smell();  }
        void    Eat(void)     {  m_mouth.Eat();  }
        void    Listen(void)  {  m_ear.Listen();  }
private:
        Eye     m_eye;
        Nose    m_nose;
        Mouth   m_mouth;
        Ear     m_ear;
};
```

如果允许 Head 从 Eye、Nose、Mouth、Ear 派生而成,那么 Head 将自动具有 Look、Smell、Eat、Listen 这些功能。下面的代码十分简短并且运行正确,但是这种设计方法却是不对的。

```
//功能正确并且代码简洁,但是设计方法不对
class Head : public Eye, public Nose, public Mouth, public Ear
{
};
```

很多程序员经不起"继承"的诱惑而犯下设计错误。"运行正确"的程序不见得是高质量的程序,此处就是一个例证。

5. 可移植性

【建议 26】尽可能遵循相应编程语言的标准。

C++遵循 ISO/IEC 14882—1998 标准,C 语言遵循 ANSI C 标准。

【建议 27】首先编写可移植的代码,需要时再考虑优化问题。

【规则 102】将依赖于平台的代码和不依赖平台的代码组织到不同的源文件中。

【建议 28】避免使用硬编码数字常量。

【建议 29】在一开始就注意与平台相关的细节,如路径的写法、文件名的大小写。

6. 提高程序的效率

程序的时间效率是指运行速度,空间效率是指程序占用内存或者外存的状况。

全局效率是指站在整个系统的角度上考虑的效率,局部效率是指站在模块或函数角度上考虑的效率。

【规则 103】不要一味地追求程序的效率,应当在满足正确性、可靠性、健壮性、可读性等质量因素的前提下,设法提高程序的效率。

【规则 104】以提高程序的全局效率为主,提高局部效率为辅。

【规则 105】先优化数据结构和算法,再优化执行代码。在优化程序的效率时,应当先找出限制效率的"瓶颈",不要在无关紧要之处优化。

【规则 106】有时候时间效率和空间效率可能对立,此时应当分析哪个更重要,进行适当的折中。例如,多花费一些内存来提高性能。

【规则 107】不要追求紧凑的代码,因为紧凑的代码并不能产生高效的机器码。

【建议 30】当心那些视觉上不易分辨的操作符发生书写错误。

人们经常会把"=="误写成"=",像"‖"、"&&"、"<="、">="这类符号也很容易发生"丢 1"失误,然而编译器却不一定能自动指出这类错误。

【建议 31】变量(指针、数组)被创建之后应当及时把它们初始化,以防止把未被初始化的变量当成右值使用。

【建议 32】当心变量发生上溢或下溢,数组的下标越界。

【建议 33】当心忘记编写错误处理程序,当心错误处理程序本身有误。

【建议 34】避免编写技巧性很高的代码。

【建议 35】不要设计面面俱到、非常灵活的数据结构。

【建议 36】如果原有的代码质量比较好,尽量复用它,但是不要修补很差的代码,应当重新编写。

【建议 37】尽量使用标准库函数,不要"发明"已经存在的库函数。

【建议 38】尽量不要使用与具体硬件或软件环境关系密切的变量。

【建议 39】把编译器的选择项设置为最严格状态。

【建议 40】如果可能,使用 PC-Lint、LogiScope 等工具进行代码审查。

为了使类的成员变量与函数中的普通变量相区别,建议采用 Windows 的规范,在类的成员变量前面增加 m_前缀。

建议将比较短的类成员函数()声明为 inline 类型,以增加效率。

附录 2 优秀程序员的基本修炼

1. 准确理解语言

1）计算机语言的实质是什么

（1）是一种"语言"，但只限于与计算机交流。

（2）是一种约定（和任何一种语言一样）。

（3）具有许多与"自然语言"类似的特性：必须遵守约定；与环境有关（开发工具、应用环境）。

2）为什么要准确理解计算机语言

（1）人们的交流对象—— 计算机——很"笨"。

（2）计算机永远都相信"人"是对的，它不会纠正人的错误。

（3）计算机只能按照"约定"理解计算机程序。

（4）如果人们期望计算机做自己期望的事情，就必须正确地理解计算机语言，并准确地描述"要计算机做的事情"。

3）怎样才能准确理解计算机语言

（1）认真阅读相关说明，如命令的说明、函数的说明、类的说明等。

（2）仔细揣摩每条"命令"的作用和结果。

（3）通过大量实践加深记忆和理解。

（4）不断学习和积累计算机基础知识（计算机组成原理、操作系统、编译原理、数据结构、数据库原理等），使得对命令的理解到位。

（5）阶段性地"反刍"，系统理解和掌握语言。

（6）充分利用随机资料，认真学习开发环境有关的知识。

4）如何避免计算机误解写的程序

（1）准确理解语言是正确运用的前提。

（2）不断精炼思想（算法），清晰的思路是正确表达的保证。

（3）采用合适的命令表达思想。

（4）采用简单的语句表达复杂的逻辑。

（5）采用与自然思维一致的方式写程序（程序是思想的准确反映）。

（6）准确理解各种数据类型，使用恰当的数据类型。

（7）程序间不要隐含不确定的假设。

2. 编程规范化

1）编程为什么要规范

（1）编程就是用某种计算机语言表达人的思想。

（2）人容易犯错误：思想不清晰、表达错误、语言功力不够。

（3）程序的错误都是人犯的错误。

（4）规范化能够有效地降低人为犯错误的概率，提高产品质量。

（5）规范化有利于提高编程效率。

（6）规范化有利于检查和验证。

还有更多的好处……

总之，规范化能够提高人们的专业水平，保证重复成功率！

2）规范化编程包括哪些内容

（1）形式规范化：对齐、缩进；空行；注释的样式和顺序；函数体的大小。

（2）内容规范化：命名正规一致；函数名、变量名、常量等；可读性、长度、一致性；层次清晰有序；语法简洁易懂；含义准确无误。

（3）规范化编程六字口诀：对称、一致、协调。

3）规范化编程六招

（1）格式：层次清晰。

① 利用"空行"、"缩进"明显区分不同的部分。

② 利用"对齐"使程序清晰易读。

（2）结构：简单明了。

① 程序结构简单。

② 使用合适简洁的控制结构。

③ 有关联性的变量写在一起。

④ 顺序相关的语句或语句块按照顺序写，并标上顺序号。

⑤ 函数的入口和出口要保持统一。

⑥ 慎用 goto 指令，goto 指令只用在特定的程序结构中。

（3）注释：完整准确。

注释可以看成详细设计的一部分，因此应该包括下列基本内容。

① 函数的"功能、参数、返回、说明"。

② 函数体中不同语句块的作用和执行顺序。

③ 算法说明。

④ 变量说明（初次使用的含义没有固定的变量）。

⑤ 常量说明（含义容易误解或不易回想起来的常量）。

（4）命名：统一规范。

① 命名要统一、规范，这有助于提高程序的可读性和调试改错的效率。

② 命名一般采用"匈牙利"命名法，即"动宾"结构命名法。

③ 全局变量：大写字母开头、大小数字混合使用，大写区分不同部分。

④ 局部变量：小写字母开头、大小数字混合使用，大写区分不同部分。

⑤ 宏定义的常量：全部使用大写字母和数字。

⑥ 自定义数据类型：全部使用大写字母和数字。

⑦ 类的成员变量：m_开头。

⑧ 函数名（包括类的成员函数）：易分类、简短易读。

⑨ 遵守"约定俗成",如 IPaddress(IP 地址)、osVersion(操作系统版本)。

⑩ 名称简化:一般采用辅音字母法或重音法。

规范化命名示例如下。

```
//{{通用函数 db_SQLSv.cpp
int        WINAPI    SQL_GetDispODBCErr(HSTMT hstmt);
short      WINAPI    SQL_DropTrigger(HDBC hdbc,char* owner,char* name);
short      WINAPI    SQL_DropTable(HDBC hdbc,char* owner,char* name);
BOOL       WINAPI    SQL_IsTableExist(HDBC hdbc,char* owner,char* name);
short      WINAPI    SQL_SetIdentityInsertFlag(HDBC hdbc,char* name,char
                     isOnOff);
short      WINAPI    SQL_HasSelectIntoBulkcopyFlag(HDBC hdbc);
short      WINAPI    SQL_SetSelectIntoBulkcopyFlag(HDBC hdbc,char isOnOff);
short      WINAPI    SQL_SetNetWorkPacket(HDBC hdbc,int nSize);
//}}
//{{通用函数 odbc_SQLSv_db_global.cpp
short      WINAPI    SQL_DropDBFile(HDBC hdbc,char* fname,short ftype);
//}}
```

(5) 语法:无歧义、易理解。

① 准确理解用到的"语法规则",绝对不能想当然。

② 使用简单的语法、不用复杂的语法。

③ 使用简单语句、不用复合语句。

④ 使用()区分表达式的不同组成部分和优先级。

⑤ 使用{ }标识密切相关的语句块。

(6) 函数调用:理解含义、参数一致。

准确理解函数,包括如下几点。

① 功能。

② 返回值的含义。

③ 对参数的要求(参数的类型,是输入参数还是输出参数)。

④ 内存、文件、句柄等资源使用情况。

正确调用函数,做到如下几点。

① 正确传递参数。

② 正确使用返回值。

③ 正确释放函数调用中分配的资源(如内存、文件、句柄等)。

4) 不规范编程示例

```
a=5+(c=6);                  //使用了复合语句
a=(b=4)+(c=6);
a= (b=10)/(c=2);
b=a++;                      //使用了复合语句
c=++a;
typedef  double   area,volume;  //命名不规范
```

```
typedef int natural;
```

5）规范化编程示例（函数说明）

```
//功能:任意整型数组排序
//参数:ptArr-[in,out]排序数组的起始地址
//      num-[in]ptArr 所指数组中的元素个数
//返回:ptArr 中的元素没有调整 返回 0,否则返回 1
//说明:(1)按照从小到大排序;
//      (2)排序算法:若相邻两个元素左边大于右边,则交换
//              若从第 1 个元素到最后一个元素都不需要交换,
//              则排序算法结束
Int   sortInt( int  *ptArr, int num)
{
//在此处编写代码
}
```

3. 单步跟踪调试

1）为什么要跟踪调试程序

（1）什么是跟踪调试。

跟踪调试就是逐行运行程序,完成下列任务。

① 逐行阅读程序。

② 对照需求和设计逐行检查程序（语法、参数、运行结果等）。

③ 修改程序错误。

④ 整理程序（格式、规范、注释等）。

⑤ 优化程序（易读、高效、简洁）。

（2）跟踪调试的目的。

跟踪调试的目的是提高"软件质量"。

（3）负责跟踪调试程序的人及其原因。

程序员负责跟踪调试,因为如下几点。

① 程序员编写程序,最理解程序的功能和设计要求。

② 某些情况下,出于原码保密的要求,只能由程序员调试。

③ 在团队成员能力参差不齐的情况下,可能由高级程序员帮助初级程序员调试。

（4）调试和测试的区别。

① 测试是依据标准检验程序,以得出程序是否符合质量的结论。

② 调试是软件开发的一个过程,是将程序从"毛坯"逐步加工、打磨直到符合质量要求的产品的过程,是一个精益求精的过程。

③ 调试与"白盒测试"相似,要求相近。

④ 调试与"单元测试"往往同时进行。

⑤ 调试是一个不断递归、不断收敛的过程,所以调试过程充满了"重构"的过程。

（5）为什么测试不能替代调试。

① 测试强调"检测"和"试验",以便确认软件产品是否符合标准或要求,是检验。

② 调试强调"调整"和"试验"，边调整边试验，使软件逐步达到正确，是调优。

③ 测试不能穷尽程序运行的每种情况和每个分支，所以不能确认所有细节是否都正确。

④ 调试可以由程序员根据语句执行结果推理确认测试不能覆盖的情况，修改打磨每一条语句。

⑤ 软件开发既是科学，又是艺术，所以必须像艺术创作一样反复审视和调整才能创作出精品。

（6）为什么跟踪调试必须覆盖每条语句。

① 程序的质量取决于"程序的架构"和"组成程序的每一条语句"。

② 只有每条语句都达到质量要求，更高级别的程序部件（如语句块、函数、类、模块、组件等）才可能达到质量要求。

③ "细节决定成败"。

2）跟踪调试要关注哪些内容

（1）程序的规范性。

① 结构。

② 命名。

③ 注释。

④ 排列。

（2）语法的准确性。

① 数据类型。

② 语法。

③ 函数参数。

④ 函数返回值。

（3）算法的正确性。

① 过程（步骤）正确。

② 逻辑完备。

③ 状态转换清晰正确。

④ 计算精度符合要求。

⑤ 资源（内存、句柄等）不浪费。

（4）逻辑的完整性。

① 逻辑上没有"漏洞"。

② 不同的分支处理"平衡一致"。

（5）顺序的有效性。

① 语句顺序符合"越近关联性越强、越远越弱"的原则。

② 语句顺序符合"资源最佳利用"的原则，资源包括内存、时间等。

③ 语句顺序具有前后关联性。

（6）结构的对称性（静态结构和动态结构）。

① 括号对称。

② 功能对称。

③ 调用对称。

④ 在同一级别上对称。

(7) 关联的最小化(常量关联、命名关联、语意关联等)。

尽量消除各种关联性,包括如下几种。

① 常量关联性。

② 命名关联性。

③ 语意关联性。

④ 顺序关联性。

⑤ 函数调用关联性。

3) 程序调试的过程、方法和技巧

(1) 过程:编辑修改程序,然后分段调试。

(2) 方法:使用 F7、F5、Shift+F5、F10、F11 键的组合实现。

快速调试如下。

F7:编译程序。

F5:开始调试程序、运行程序直到"断点"。

Shift+F5:结束程序。

F10:Step into。

F11:Step over。

(3) 技巧:逐段清理调试、观察变量和返回结果、修改变量值。

4. 良好的程序结构(架构)

1) 什么是好的程序

(1) 正确(correct)

(2) 高效(efficient)

(3) 可靠(reliable)

(4) 易读(easy to read)

(5) 可维护(maintainable)

(6) 可重用(re-usable)

(7) 可移植(portable)

⋮

2) 为什么要关注程序结构

(1) 程序结构犹如建筑物的结构,结构不同承载力不同、稳定性也不同。

(2) 程序结构微观叫结构,宏观叫架构。宏观取决于设计,微观取决于编码。

(3) 良好的程序结构容易理解,便于代码重构和优化。

3) 什么是良好的程序结构(架构)

(1) 宏观层次清晰、各层功能定位明确(B/S 架构、三层架构、多层架构)。

(2) 层次间或者模块间关系简单。

(3) 从整体看或者从局部看都具有顺序、选择、循环的基本特点。

（4）无论功能调用（读/写、请求/返回）还是资源的使用都体现出平衡性或对称性。

（5）函数应具有单入口、单出口的性质。

5．清理和优化程序

1）为什么要清理和优化程序

（1）程序是思想的体现，清理程序就是清理思想（算法）。

（2）程序是一套完整的逻辑，清理程序就是在清理逻辑。

（3）清理程序就是要使程序简洁、准确、最优。

（4）清理和优化程序是消除软件错误、提高软件质量的重要方法。

2）清理和优化程序要做些什么

清理和优化程序需要逐行阅读程序，并完成下列任务。

（1）检查语法是否符合规则。

（2）规范命名（全局变量、局部变量、成员变量、宏定义等）。

（3）规范格式（括号对齐、语句对齐、增加空行等）。

（4）检查程序结构。

（5）检查语句的执行顺序、对称性。

（6）检查逻辑是否有问题。

（7）添加/修改注释

3）如何清理和优化程序

（1）分块清理：分块清理命名、注释、格式等。

（2）循环优化：调试→优化（改正错误、优化顺序、消除错误等）→再调试→再优化→直到完全符合"要求"。